DIE WASSERKRÄFTE IN DER NATUR

EINE GEMEINVERSTÄNDLICHE DARSTELLUNG DER ENTSTEHUNG DER WASSERKRÄFTE, IHRES AUSBAUES UND IHRER WIRTSCHAFTLICHEN AUSNUTZUNG

MIT 90 ABBILDUNGEN UND ZEICHNUNGEN

VON

LEO GALLAND
BAURAT UND ZIVILINGENIEUR
IN BERLIN

BERLIN W
VERLAG VON M. KRAYN
1921

Druck von Rosenthal & Co., Berlin NW 21.

VORWORT.

Die Schätze des Bodens sind wertvoll, aber ihre Ausbeutung vermindert ihre Bestände. Wasserkräfte aber sind Werte, die unversiegbar sind, denn sie werden von der Natur stets von neuem hervorgebracht.

Als die Kohle billig war, konnte die Wasserkraft nur im Gebirgslande erfolgreich mit der Dampfkraft in Wettbewerb treten, weil die hohen Kosten des Ausbaues im Flachlande ihre Wirtschaftlichkeit oft in Frage stellten. Weitblickende haben schon seit langem die Zeit kommen sehen, in welcher der Ausbau der Wasserkräfte unumgänglich notwendig werden würde.

Heute ist der Ausbau der Wasserkräfte in deutschen Landen, so klein die Kräfte auch sein mögen, ein dringendes Gebot. Jedes ausnutzbare Wasser, welches ungenutzt zu Tal läuft, bedeutet eine Verschwendung des nationalen Vermögens.

Der Laie steht diesem Gebiete der Kraftausnutzung und der Anwendung der mechanischen Mittel hierzu fremd gegenüber, es soll deshalb Zweck dieses Buches sein, Aufklärung zu verbreiten und in allgemein verständlicher Form die Wasserkräfte und deren Ausnutzung zu schildern. Das Verständnis weiterer Kreise hierfür und damit die Förderung der Wasserkraftnutzung mögen das erstrebenswerte Ziel sein.

Um den Inhalt des Buches Jedermann verständlich zu machen, ist jede gelehrte Abhandlung und Formel vermieden worden, auch auf Zeichnungen wurde, soweit möglich, verzichtet, an ihre Stelle traten Abbildungen aus der Natur und aus der Praxis ausgeführter Anlagen.

Möge das Bestreben des Verfassers freundliche Aufnahme finden, dann wird auch der Zweck dieses Buches erfüllt sein.

Berlin, Frühjahr 1921.

Der Verfasser.

EINLEITUNG.

In Urzeiten haben die Menschen zur Zerkleinerung des Brotkorns Steine benutzt, welche mit den Händen bewegt wurden. Der Wunsch, größere Leistungen zu erreichen, führte zum Ersinnen von Mechanismen, welche die menschliche Handarbeit zu erhöhen oder zu ersetzen imstande waren. Es wurden dann sogenannte Eselsmühlen und Tretmühlen angewandt, bei welchen das Gewicht eines auf einer rotierenden Scheibe oder einem drehenden Rade laufenden Menschen oder Tieres dazu diente, ein Arbeit leistendes Triebwerk zu schaffen. Mensch oder Tier mußten während der ganzen Arbeitszeit, durch ihr Gewicht wirkend, auf dem Umfange der Triebscheibe oder des Triebrades in Bewegung sein, um den Mechanismus in drehende Bewegung zu bringen. (Abb. 1—3.)

Der menschliche Erfindergeist trachtete nun danach, diese Arbeit von Mensch oder Tier durch die Arbeit der Naturkräfte zu ersetzen, und fand im strömenden Wasser die gewünschten Arbeit leistenden Kräfte.

Die ersten das strömende Wasser ausnutzenden Maschinen, wenn man diesen Ausdruck für die primitiven Konstruktionen aus Holz gebrauchen darf, waren Wasserräder, die sogenannten Flußmühlen oder Schiffsmühlen, bei denen ein

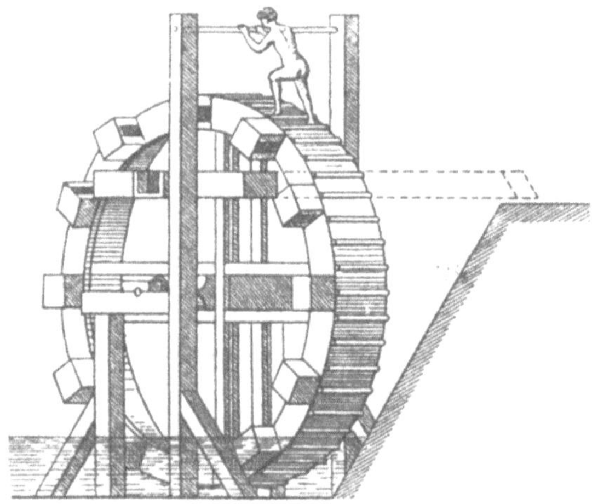

Abb. 1. Tretmühle von Menschenkraft bewegt zum Schöpfen von Wasser.

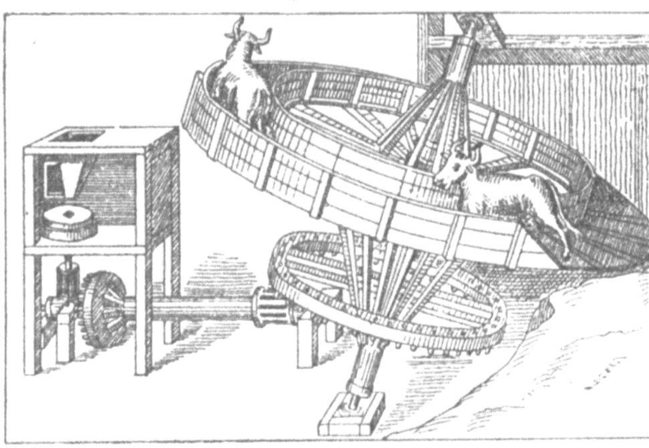

Abb. 2. Tretmühle von Tieren bewegt zum Betriebe eines Mahlganges.

um eine liegende Achse drehbares Rad am äußeren Umfange Schaufeln erhielt. Dieses Rad wurde, nur mit den Schaufeln im Flusse eintauchend, zwischen zwei Kähnen gelagert und erhielt den Antrieb zur Drehung durch die reine Strömung des Flusses. Die Arbeitsleistungen der Flußmühlen, welche zur Förderung von Wasser und zum Mahlen von Getreide benutzt wurden, waren naturgemäß sehr klein.

Es entstanden dann im weiteren Ausbau dieser Ideen die eigentlichen Wasserräder, bei denen in vorteilhafterer Weise

Abb. 3. Pferde-Göpelwerk zum Betriebe eines Wasserschöpfers

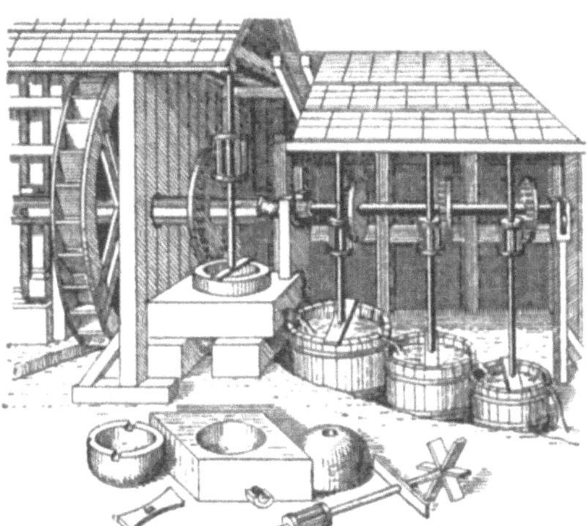

Abb. 4. Wasserrad zum Betriebe einer Mahlmühle.

nicht nur die Strömung, sondern auch das Gewicht des Wassers für die Arbeitsleistung nutzbar gemacht wurde (Abb. 4).

So hat um das Jahr 16 v. Chr. Marcus Vitruvius Pollio, Ingenieur und Baumeister unter Julius Caesar und Kaiser

Augustus das Flußschöpfrad und die Wassermühle schon beschrieben. Der Zweck dieser Mühlen war die Hebung von Wasser und das Vermahlen von Getreide.

Leonardo da Vinci, der berühmte Maler, Ingenieur und Architekt (1452—1519) hat mehrere Entwürfe für Ausführungen von oberschlächtigen Wasserrädern mit Zulaufgerinnen angefertigt. Auch Georgius Agricola (1490—1555), mit seinem richtigen Namen Georg Bauer, geboren zu Glauchau, ferner Vittorio Zonca (1568—1602), Architekt zu Padua, gaben Konstruktionen von Wasserrädern an, welche zum Antriebe von

Abb. 5 Primitives Wasserrad zum Betriebe einer Mühle.

Erzpochwerken, Schleifereien, Mahlmühlen, Sägewerken usw. dienten (Abb. 5).

Heinrich Zeising gab um das Jahr 1612 ein Werk „Theatrum Machinarum" heraus, in dem auch er die Wasserräder behandelte.

Es scheint also die Anwendung der Wasserkraft bis zu diesem Zeitpunkte bereits gute Fortschritte gemacht zu haben. Jedoch erst mit dem Beginn des 19. Jahrhunderts tritt die Ausnutzung der Wasserkraft in ein anderes Stadium ein. Waren vorher die Konstruktionen nur sehr primitiv, die Ausnutzung des Wassers unvollkommen, so wurden jetzt Theorien aufgestellt, um den Bau von Wasserrädern rationell unter wirtschaftlich besserer Ausnutzung des Wassers vorzunehmen. Eine

Reihe genialer Konstrukteure, wie Zuppinger, Poncelet, Sagebien u. a. haben dann die Konstruktionen der Wasserräder zu hoher Vollendung gebracht.

Die geringe Umdrehungszahl eines Wasserrades, die sehr großen Dimensionen desselben, sowie andere Mängel, die dem Wasserrade als solchem anhafteten, führten zu dem Gedanken, einen schneller laufenden Wassermotor zu erhalten, und so entstand ungefähr im Jahre 1827 die erste brauchbare Turbine, welche der Franzose Fourneyron erfand. Er war der erste Ingenieur, der das Wasser in sinnreicher Weise nach einer von ihm aufgestellten Theorie auf das Laufrad eines Wassermotors (Turbine) wirken ließ.

Zwar wurde schon etwas früher die sogenannte schottische Turbine (von Whitelaw) hergestellt, sie war aber sehr primitiv und wenig verwendbar.

Im Jahre 1841 erfand der französische Ingenieur Jonval fast gleichzeitig mit dem deutschen Oberbergrat Henschel aus Kassel die nach ihnen benannten Jonval- oder Henschel-Turbinen, die den Turbinenbau und damit die Wasserkraftausnutzung auf eine weit höhere Stufe brachten und förderten.

Während auf dem europäischen Kontinent die Entwickelung der Wasserturbine Fortschritte machte, blieb auch Amerika nicht untätig. Im Jahre 1838 nahm Samuel B. Howd ein Patent auf eine Turbine, welche der amerikanische Ingenieur und Fabrikant Francis bis zum Jahre 1849 so vervollkommnete, daß diese Turbinenart, Francisturbine genannt, die weiteste Verbreitung fand. Die Francisturbine fand ihren Weg auch nach Europa und dieses System wird heute noch in den meisten Fällen zur Anwendung gebracht.

Im Jahre 1856 erfand der Ingenieur Girard eine Turbine mit freiem Abfluß des Wassers aus derselben, die nach ihm benannte Girardturbine. —

Mit diesen vorstehend beschriebenen Erfindungen sind in der Hauptsache die auch noch heute als Systeme angewandten Turbinen gekennzeichnet. — Ein weiterer, und zwar bedeutender Schritt zur Vollendung wurde erst gemacht, als im Jahre 1870 Fink, ehedem Professor an der Technischen Hochschule Berlin, die drehbaren Regulierschaufeln für das Leitrad der Francisturbine erfand. Ihm und anderen Forschern sind auch noch viele Anregungen zu verdanken gewesen, Redtenbacher, Zeuner und andere haben Theorien für die

Hydraulik aufgestellt und die neuere und moderne Maschinenindustrie, unterstützt durch praktisch und theoretisch gut vorgebildete Ingenieure, hat den Turbinenbau so entwickelt und auf eine so hohe wirtschaftliche Stufe gebracht, daß bei der Ausnutzung der Wasserkräfte nirgends mehr unüberwindliche Schwierigkeiten bestehen. Man kann heute bereits eine Wasserturbine von 30 000 Pferdestärken und mehr ausführen, man beherrscht Gefällshöhen bis zu 1000 Metern, sowie Wassermengen von ungeheurer Fülle. Die Wasserkräfte der größten Ströme, die gewaltigsten auf der Welt vorkommenden Wasserfälle bieten dem Ingenieur der Neuzeit mit Hilfe des hoch entwickelten Maschinen- und Bauingenieurwesens kein Hindernis mehr, er kann die Kräfte, die die Natur gibt, meistern und zum Vorteil und Wohle der Menschheit ausnutzen.

I. Das Wasser.

Das Wasser spielt in der belebten Natur eine überaus wichtige Rolle, und zwar sowohl für die Pflanzen, als auch für die Tiere und Menschen. Ohne Wasser wäre die jetzige Form des Lebens und Bestehens auf der Erde undenkbar.

Die Quellen, Bäche und Flüsse verdanken ihre Entstehung dem Wasser, welches aus der Luft als Regen oder in anderer Form, wie z. B. Tau, Reif, Nebel und Schnee, auf die Erdoberfläche herabfällt.

Die Luft, welche die Erde umgibt, enthält stets Wasser in Form von Wasserdampf. Die Aufnahmefähigkeit der Luft für Wasser wächst mit der Lufttemperatur. Enthält die Luft weniger Wasser, als sie aufzunehmen vermag, so saugt sie Wasser auf, und dieses verdunstet dann an jeder von Luft berührten Oberfläche, sei es auf der Erde oder auf dem Gewässer.

Von der Erdoberfläche gelangt das Wasser durch Verdunstung in die Luft, welche es mit sich fortnimmt und an anderer Stelle in Form von Niederschlägen wieder ausscheidet. In der Luft, welche an und für sich durchsichtig ist, bilden sich also Nebel oder Wolken, bestehend aus feinen Wasserbläschen, die von der Atmosphäre getragen werden, und diese fallen, indem sie sich nach und nach zu Tropfen verbinden, als

Regen nieder, je nachdem die Vorbedingungen für die Niederschläge gegeben sind.

Die Hauptstätte der Verdunstung ist das große, weite Meer. Die Oberflächen der Meere und Seen betragen ungefähr 70 % der ganzen Erdoberfläche, auf der Oberfläche der Meere findet unter Einfluß der gewaltigen wärmenden Kraft der Sonnenstrahlen eine fortwährende Verdunstung statt, die Sonne leistet hier eine ungeheure Arbeit.

Quellen, Bäche und Flüsse führen nun den überschüssigen Teil des Wassers, der aus den Niederschlägen entstanden ist, und der nach der Verdunstung, Versickerung und dem Verbrauch für Pflanzen und Tierreich übrigbleibt, ab und leiten diese Wasser wieder zu Tal bis in das unendliche Meer. Ein steter Kreislauf, in dem ein großes Arbeitsvermögen aufgespeichert liegt, ist hier also vorhanden.

In verschiedenen Gegenden der Erde ist naturgemäß die Regenmasse ganz verschieden. Man kann die Regenmenge mittelst besonderer Einrichtungen messen, und in Deutschland sind, über das ganze Land verbreitet, derartige Meßapparate aufgestellt. So wird nun die jährliche Regenhöhe in Millimetern gemessen, und zwar unter der Voraussetzung, daß weder Abfluß noch Verdunstung oder Versickerung stattfindet. Für den Schnee kann man oberflächlich 12—13 mm Schneehöhe = 1 mm Regenhöhe gleichstellen. Die wirkliche Niederschlagsmenge ist aber im Jahresdurchschnitt um ca. 20—25 % höher als die Regenmenge selbst, da die Feuchtigkeit, die sich aus der Luft in Form von Tau, Nebel usw. niederschlägt, schwer meßbar ist.

Die Häufigkeit und Dauer der Niederschläge, ihre Verteilung auf die Jahreszeiten und Monate ist ganz verschieden und hierbei ist man lediglich auf Beobachtungen angewiesen. Auch innerhalb der verschiedenen Jahre sind große Unterschiede, es gibt nasse und trockene Jahre in den verschiedenen Gegenden der Erde, ebenso auch nasse und trockene Jahresperioden. Noch ungleichmäßiger sind die Monatsniederschläge. In unseren Gegenden sind die Niederschläge in den Sommermonaten reichlicher als in den Wintermonaten, in Südeuropa dagegen sind im Sommer die Niederschläge geringer und im Winter stärker. Im tropischen Klima regnet es oft viele Monate gar nicht, dann kommt, und zwar während unserer Winterszeit, in bestimmten Monaten eine lange andauernde Regenperiode.

Um ein vergleichendes Beispiel zu geben, möge angeführt sein, daß Deutschland eine mittlere jährliche Regenhöhe von 660—700 mm hat, während in Südamerika die Regenhöhe zwischen 1500 und 1700 mm schwankt.

Die Wassermenge, die sich auf einen Quadratkilometer bei 1 mm Regenhöhe ergibt, beträgt 1000 Kubikmeter.

Dieses Wasser kommt aber nicht zum Ablaufen, sondern die Verdunstung spielt bei der Verminderung der Wassermenge eine wesentliche Rolle. Auf Wasseroberflächen ist die Verdunstung größer als auf dem Lande.

Außer der Verdunstung spielt auch noch die Versickerung eine Rolle; das versickerte Wasser durchzieht an den durchlässigen Schichten der Erdoberfläche diese, bildet unterirdische Wasseradern, Flüsse und Becken und tritt dann unter einem gewissen Druck an die Erdoberfläche, um so die Quellen, d. h. den Ursprung der Bäche und Flüsse zu bilden.

Zahllose Brunnen entnehmen ihr Wasser dem unter der Erdoberfläche aufgespeicherten Vorrat an Wasser.

II. Die Gewässer.

Nach dem Gesetz der Schwere fließt das aus den Niederschlägen kommende Wasser an den geneigten Oberflächen der Erde herab, frei sichtbar, stets den geringsten Hindernissen folgend, läuft das wilde Wasser in den Falten der Erdoberfläche zu Tal. Es bildet sich so das Bett des Flusses durch Ausspülung und Wiederansandung, und es entsteht so der Lauf jedes Baches, Flusses und Stromes.

Wo vertiefte Stellen an der Erdoberfläche angetroffen werden, bilden sich die sogenannten stehenden Gewässer, d. h. die Becken der Teiche und Seen, Sümpfe und Moore. An dieser Stelle soll hervorgehoben werden, daß außer den natürlichen Wasserläufen, wie Bäche, Flüsse, Ströme, es deren noch künstliche gibt, nämlich Gräben, Bewässerungskanäle, Werk- und Schiffahrtskanäle.

Wir unterscheiden bei Bächen und Flüssen solche im Gebirge und solche im Tiefland. Bei den Flüssen unterscheiden wir schiffbare, flößbare und solche, welche weder schiffbar noch flößbar sind.

Bei den natürlichen Wasserläufen haben wir folgende Teile des Laufes zu unterscheiden: die Flußsohle und die Flußufer, hierbei rechtes und linkes Ufer so beurteilt, daß das linke, in der Strömungsrichtung zum Meere gesehen, links liegt. Wir haben ferner den Wasserspiegel und das Gefälle dieses Wasserspiegels zu beachten, denn nur durch dieses Gefälle der Sohle und des Spiegels ist es dem Wasser möglich, ein Fließen in der Richtung talwärts zu erreichen.

III. Die Wasserkraft.

Die im Wasser liegende und durch Ueberwindung des Gefälles entstehende Kraft wird schon seit Urzeiten von den Menschen nutzbar gemacht. Es ist notwendig, daß man hierbei die Abflußmenge des Baches oder Flusses kennt, sie wird gemessen in Litern oder Kubikmetern, welche während einer Sekunde das Flußbett durchfließen. Diese Abflußmengen des Wassers werden je nach der Jahreszeit, je nach den Monaten und nach den Jahresperioden verschieden sein, da sie ja direkt zu den Niederschlagsmengen in einem gewissen Abhängigkeitsverhältnis stehen.

Durch längere Beobachtung muß man sich also über die Abflußmenge genau unterrichten, um eine möglichst vollkommene Ausnutzung einer Wassermenge zu erreichen.

In Deutschland gibt es eine Statistik über die Niederschlagsmengen in den verschiedenen Gegenden; die Landesanstalt für Gewässerkunde hat durch jahrzehntelange Beobachtungen für die verschiedenen Bäche und Flüsse die Abflußmengen festgestellt; an Wasserläufen, wo das noch nicht der Fall war, ist es notwendig, Messungen der Wassermengen vorzunehmen.

Eine solche Messung wird von fachkundiger Hand nach verschiedenen Methoden bewerkstelligt. Der Ingenieur mißt das Wasser, indem er vermittelst eines Schwimmers, d. h. eines in das Wasser eintauchenden Hohlkörpers die Geschwindigkeit des Wassers an bestimmten Stellen eines Flußquerschnittes feststellt. Diese Feststellung kann auch mittelst eines hydrometrischen Flügels (Woltmannflügels) geschehen, oder mit anderen Instrumenten.

Der Woltmannflügel besteht aus einem kleinen Turbinenrad, das durch die Wassergeschwindigkeit im Flusse in Drehung versetzt wird und dann vermittelst eines Zählwerkes die Umdrehungszahl dem beobachtenden Ingenieur angibt. Aus diesen Umdrehungszahlen kann dann die Geschwindigkeit des Wassers während der Dauer einer Sekunde berechnet werden. (Abb. 6.)

Hat man durch die Messung die Wassergeschwindigkeit an einem bestimmten Querschnitte des Flusses gefunden, so hat

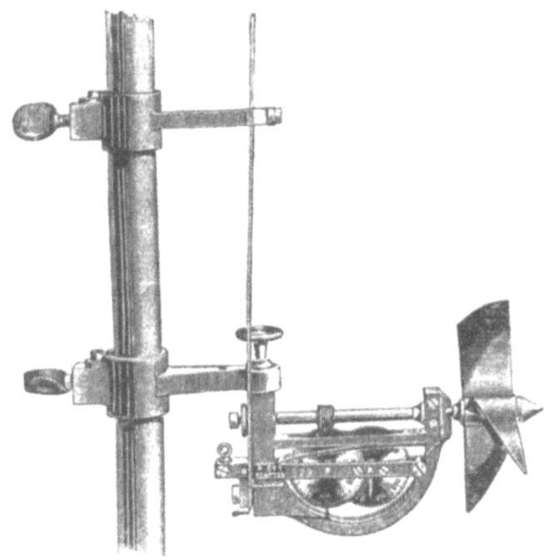

Abb. 6. Der Woltmannflügel, ein Instrument zum Messen der Wassergeschwindigkeit in Flüssen.

man nur noch den Querschnitt selbst genau zu berechnen und aus dem Produkt von Geschwindigkeit und Querschnitt erhält man die wirklich in einer Sekunde abfließende Wassermenge.

Für kleinere Wassermessungen wird auch ein künstliches Stauwehr, nämlich ein sogenannter Ueberfall angewandt. Für diese Ueberfälle mit rechteckigem Durchflußquerschnitt sind durch Versuche die Wassermengen bestimmt, welche der betreffende Ingenieur dann unter Zuhilfenahme von Formeln und Versuchstabellen errechnen kann. (Abb. 7.)

Es ist nunmehr, um eine Wasserkraft auszunutzen, notwendig, das Gefälle zu ermitteln, welches für die Wasserkraft nutzbar gemacht werden soll. Dieses Gefälle kann, wie es bei natürlichen Wasserfällen der Fall ist, bereits an einer Stelle vorhanden sein, es wird dargestellt durch die Differenz zwischen Oberwasserspiegel und dem Unterwasserspiegel des Wasserlaufes. Die verschiedenen Gefälle werden noch späterhin eingehender besprochen werden.

Wie entsteht nun die Wasserkraft, d. h. die Arbeitsleistung, welche durch das Wasser erzielt werden kann?

Wird ein Körper vom Gewicht P Kilogramm um die Höhe von H Meter gehoben, so muß dabei zur Ueberwindung der Schwerkraft eine mechanische Arbeit geleistet werden, welche sich in dem Produkt aus P × H mit der Bezeichnung Meterkilogramm ausdrücken läßt. Im umgekehrten Falle muß, sobald man den gleichen Körper um die Höhe H herunterfallen läßt, notwendigerweise die vorher aufgewandte mechanische Arbeit P × H Meterkilogramm wieder zum Vorschein kommen.

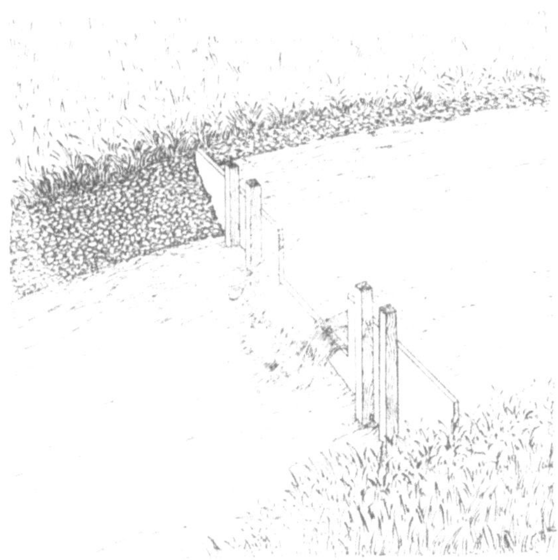

Abb. 7. Meßüberfall

Der herunterfallende Körper besitzt also die Fähigkeit, die Arbeit P × H Meterkilogramm zu leisten, sobald für ihn die Möglichkeit einer Abwärtsbewegung um eine Höhendifferenz H vorliegt. (Abb. 8.)

Die Fähigkeit eines in einer bestimmten Höhenlage ruhenden Körpers, mechanische Arbeit zu leisten, nennt man seine potentielle Energie (aufgespeichertes Arbeitsvermögen), gegenüber der um H Meter tieferen Lage. Denke man sich an einem Wasserlauf nun einen natürlichen Wasserfall, so hat man genau die in Abbildung 8 dargestellte Sachlage vorliegend, nur mit dem außerordentlich vorteilhaften Unterschied, daß an der höheren Stelle nicht ein einzelner Körper mit einem Einzelgewicht P liegt, sondern daß ein stetiges Herabströmen von mit potentieller Energie behafteten Wasserteilen stattfindet. (Abb. 9.) Wenn man nun diese stetig herabströmende potentielle Energie ausnutzt, entsteht die stetige mechanische Arbeitsleistung, gemessen in Meterkilogramm pro Sekunde. Diese Bezeichnung Meterkilogramm pro Sekunde möchte ich nochmals dahin erläutern, daß sie das Produkt ist aus dem pro Sekunde herabfallenden Wassergewicht und der Gefällshöhe, durch die das Wasser herunterfällt.

Wenn man die erhaltenen Zahlen der Meterkilogramm durch 75 dividiert, so erhält man die Arbeitsleistung in Pferdestärken, einer Maßeinheit, wie sie bei der Bestimmung von

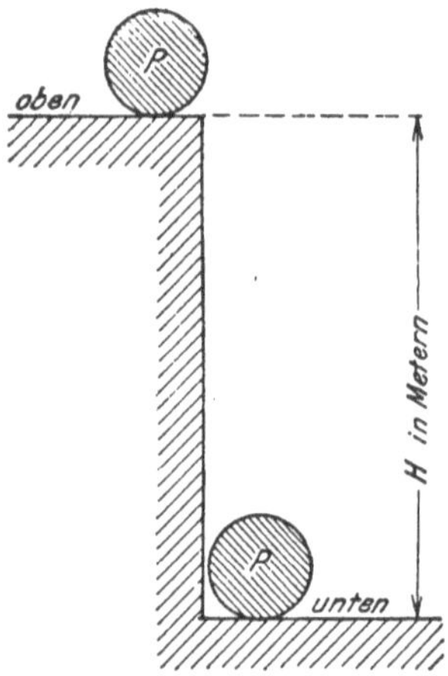

Abb. 8.

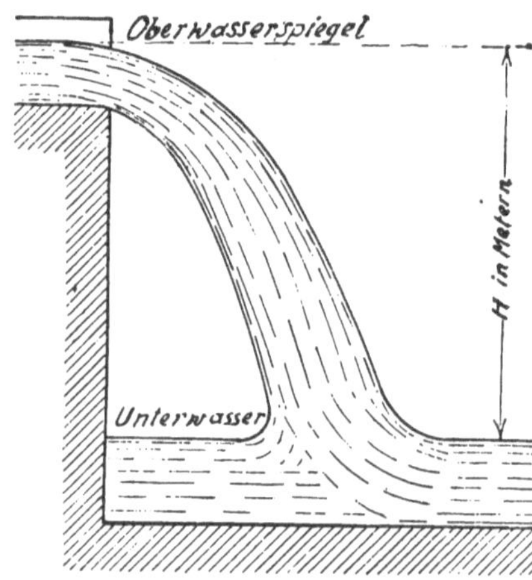

Abb. 9.

Kraftmaschinen in der ganzen Welt üblich ist; also 75 Meterkilogramm bedeuten das Aequivalent für eine Pferdestärke. Will man die erhaltene theoretische Arbeitsleistung in der elektrischen Maßeinheit der Kilowatt ausgedrückt haben, so sind die erhaltenen Meterkilogramm durch die Zahl 102 zu dividieren. Diese Arbeitsleistung ist aber nur als theoretische Arbeitsleistung zu betrachten, denn bei der Ausnutzung der im Wasser enthaltenen Energie und Arbeitsleistung in der Maschine entstehen Verluste. Die wirklich von der Wasserkraftmaschine abgegebene Leistung wird geringer sein als die theoretisch berechnete oder gemessene, es ist hier also der sogenannte Wirkungsgrad der Maschine zu berücksichtigen, welcher beispielsweise bei modernen Turbinenanlagen zwischen 0,75 und 0,85 % liegt. Erhält man theoretisch eine Arbeitsleistung von beispielsweise 100 Pferdestärken, so wird die Turbine bei einem Wirkungsgrad von 0,75 %, oder wie man es auch ausdrückt, bei einem Nutzeffekt von 75 %, 75 Pferdestärken effektiv leisten.

Bei diesem Nutzeffekt von 75 % soll für Laien eine Faustformel angegeben sein, bei der sich jeder ein Bild von der Leistung einer Wasserkraft machen kann. Man erhält bei 1 Meter Gefälle und 1 Kubikmeter Wasser pro Sekunde 10 Pferdestärken. Hat man beispielsweise ein Gefälle von 3 Meter und 4 Kubikmeter Wasser pro Sekunde, so hat man 120 effektive (nutzbare) Pferdestärken an der Turbinenwelle zu erwarten. Ich glaube, in vorstehendem klargelegt zu haben, auf welche Weise die Wasserkraft entsteht und wie ihre Arbeitsleistung berechnet wird. Die Art der Wirkung des Wassers auf die Arbeitsmaschine (Turbine) wird an anderer Stelle besprochen werden.

Um die einzelnen Bestandteile der Wasserkraftstelle näher zu kennzeichnen, sollen nunmehr einige der gebräuchlichsten Benennungen erläutert werden. Der Oberwasserspiegel ist d e r Wasserspiegel, welcher am oberen Teil des Gefälles im Wasser dauernd vorhanden ist. Der Unterwasserspiegel ist d e r Wasserspiegel, welcher nach Beendigung des Gefälles ebenfalls dauernd vorhanden ist.

Es sind nun beim Oberwasser- wie beim Unterwasserspiegel Schwankungen zu erwarten, und zwar je nachdem in der betreffenden Jahreszeit der Fluß mehr oder weniger Wasser führt, oder je nachdem sowohl im Oberwasser wie im Unterwasser Ereignisse auftreten, welche die Zuflußmenge und damit auch die Wasserspiegelhöhe beeinträchtigen. Hält beispielsweise an einem Flusse ein weiter oberhalb liegender Wasserkraftbesitzer durch seine Stauanlage Wasser zurück, oder tut dieses ein weiter unterhalb des Flusses befindlicher Wasserkraftbesitzer, so wird ein derartiges Verfahren naturgemäß die Kraftanlage, von der wir sprechen, beeinflussen und Veränderungen in den Wasserspiegeln hervorrufen. Wenn wir den soeben besprochenen Oberwasserspiegel und Unterwasserspiegel n o r m a l e n Oberwasserspiegel resp. Unterwasserspiegel benennen, so müssen wir für die verschiedenen Verhältnisse während eines Jahres auch von einem minimalen und maximalen Oberwasserspiegel resp. Unterwasserspiegel sprechen, um die höchste und niedrigste Begrenzung festgelegt zu haben und in Rechnung ziehen zu können.

IV. Die Anlage der Wasserkraft.

Ist in dem Bach oder Fluß, welcher zur Abgabe von Kraft ausgenutzt werden soll, von Natur aus an einer Stelle ein Wasserfall vorhanden, so liegt der günstigste Fall vor, daß nämlich das Gefälle bereits an einer Stelle konzentriert ist. (Abb. 10 u. 11.) Bei höherem Gefälle wird dann das zufließende Wasser auf der Höhe bereits in einer sogenannten Wasserfassung oder einem Wasserschloß festgehalten, um in einer an die Wasserfassung anschließenden geschlossenen Rohrleitung den Wasserkraftmaschinen zugeleitet zu werden. (Abb. 12.)

1. Wasserfassung.

Eine solche Wasserfassung (Abb. 13) besteht aus einem Sammelbehälter A aus Stein, Beton oder Holz. In diesem wird, bestehend aus schräg ins Wasser eingestellten, ganz dicht nebeneinander stehenden Stäben aus Flacheisen B ein sogenannter Rechen eingesetzt, um die mit dem Flusse kommenden Unreinlichkeiten, wie Aeste, Holz, Laub usw., auch Eis, von den Wasserkraftmaschinen fernzuhalten. Würde man nicht diese Vorsichtsmaßregel ergreifen, die von allen Wasserkraftwerken angewandt werden muß, so würde durch Zerstörung

Abb. 10. Gefälle von ungefähr 20 m an einer Stelle des Flusses von Natur aus vorhanden.

Abb. 11. Wasserfall fast senkrecht von über 300 m Höhe herabstürzend.

und Abnutzung der Turbinenanlage der Betrieb unfehlbar leiden. Solche Rechen werden bei ganz großen Turbinenanlagen durch starke Eisenkonstruktionen gestützt, da die mit dem Flusse anschwimmenden Eisschollen, oft verwachsen mit Bäumen und Steinen, eine große Gewalt besitzen. Vor dem Rechen selbst macht man in der Wasserfassung resp. in dem Sammelbecken eine Vertiefung, durch welche eine Stufe entsteht, die sogenannte Rechenschwelle, um auch dem unten am

Abb. 12. Wasserkraftanlage, auf der Höhe das Wasserschloß und von diesem sechs Rohre zum Turbinenhaus führend.

Boden des Flusses wandernden Geröll und Sand den Eintritt in die Wasserfassung zu verwehren. Geröll und Sand werden dann durch eine seitlich eingesetzte Auslaßvorrichtung D von Zeit zu Zeit aus der Wasserfassung entfernt.

In den Abbildungen 13 u. 13a ist eine Wasserfassung einfacher Art abgebildet. Gleich hinter dem Rechen B befindet sich der Schützenzug oder Fallenzug E, da wir uns am Einlaufe befinden, so nennt man sie Einlaufschützen oder Einlauffallen. Es handelt sich hierbei um eine hölzerne oder eiserne Tafel, welche, seitlich in Eisenführungen herunterlaßbar, den ganzen Querschnitt abzusperren imstande ist. Sie wird entweder von

Hand bewegt, oder bei großen Dimensionen der Schützen durch einen Elektromotor, welcher am Orte selbst oder auch vom Maschinenraum aus einschaltbar ist. Die Bewegung des Schützenzuges von Hand geschieht von einer Rechenbrücke F aus, welche über die Wasserfassung führt und es dem be-

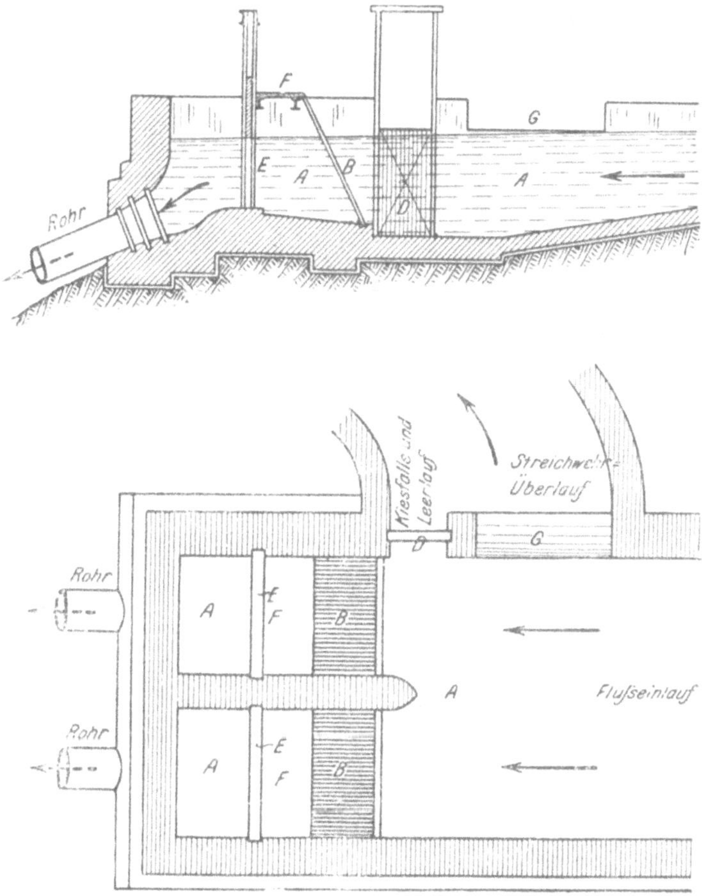

Abb. 13 u. 13a. Wasserfassung für eine Turbinenanlage.

dienenden Mann ermöglicht, sowohl die Schützenwinde zu bedienen, ferner auch die Rechen von Unreinlichkeiten mit einer Harke oder Kratze von Zeit zu Zeit zu säubern. (Abb. 14.)

Damit nun nicht bei plötzlichem Stillstand oder teilweiser Ausschaltung der Wasserkraftanlage das zufließende Wasser, welches in solchem Falle also nicht mehr in den Turbinen verbraucht wird, die Wasserfassung überflutet oder durch Rück-

Abb. 14. Wasserfassung, links Streichwehrüberlauf, in der Mitte Ablaßschützen, rechts Rechen und Einlaufschützen.

Abb. 15. Streichwehrüberlauf.

stau im Flußtale selbst Ueberschwemmungen anrichtet, befindet sich entweder vorn oder, wie in der Abbildung angegeben, seitlich ein sogenannter Ueberlauf oder Streichwehrüberlauf G. Im Falle plötzlicher Abstellung während des Betriebes kommt der Streichwehrüberlauf (Abb. 15) in Tätigkeit, indem dann das ansteigende Wasser einfach über die etwas niedriger liegende Wehrkante hinwegtritt, sobald die Einlaufschützen geschlossen werden oder eine Wasserentnahme im Krafthause nicht mehr stattfindet. Man legt außerdem, um Eis und Wasser bei Hochwasserzeit ablassen zu können, einen sogenannten Freilauf D an, welcher während des normalen Betriebes durch einen Schützen abgeschlossen bleibt. Steht die Kraftanlage still, so wird der Freilauf geöffnet, damit das heranströmende Wasser, ohne die Rohrleitung zu passieren, seinen natürlichen Lauf im alten Bett nehmen kann. Es käme die Anwendung des Freilaufs in Frage, wenn beispielsweise eine Reparatur an der Wasserfassung oder an der Rohrleitung notwendig wird, ebenso bei Hochwasser.

2. Rohrleitungen.

Aber nicht nur bei einem an einer Stelle konzentrierten Gefälle wird die Wasserfassung und die Wasserzuführung in geschlossener Rohrleitung bis zur Kraftzentrale angewandt, sondern auch dort, wo ein höheres Gefälle des Wassers vorhanden ist und dieses sich in relativ nicht zu großer Entfernung direkt in das Unterwasser wieder hineinleiten läßt. Wenn beispielsweise der das Wasser zuführende Bach oder Fluß in Kaskaden an schräger Bergwand in das Tal herunterfließt und sich dann in den unten im Tal befindlichen größeren Fluß ergießt, wird man oben auf dem Berge die Wasserfassung projektieren und das Wasser in geschlossener Rohrleitung bis an das Ufer des größeren Flusses heranleiten, um dort die Wasserkraftzentrale zu erbauen, wobei das aus der Kraftzentrale abfließende Wasser gleich zum Flusse abfließen kann. (Abb. 12 u. 16.)

Der Oberwasserspiegel ist also in diesem Falle der in der Wasserfassung sich einstellende Wasserspiegel, der Unterwasserspiegel der Anlage würde gleich dem Wasserspiegel der Wasseraustrittsstelle aus den Turbinen oder ungefähr jener des im Tale fließenden Flusses an der Einmündung des Untergrabens sein. Die zwischen beiden Wasserspiegeln vorhandene Höhendifferenz ist das Gefälle, in diesem Falle Rohgefälle genannt. Letzteres ist nämlich dasjenige Gefälle, welches rein geometrisch gemessen, vorhanden ist. Das nutzbare Gefälle wird kleiner sein, weil in der Rohrleitung bis zu den Wasserkraftmaschinen Verluste durch Reibung, ebenso solche durch das zum Heran- und Abführen des Wassers im Zu- und Ablaufkanal notwendige Kanalgefälle, eintreten werden. Das Nutzgefälle, welches wirklich bei der Projektierung der Wasserkraftmaschine in Rechnung zu ziehen ist, würde also das Rohgefälle abzüglich der Gefällsverluste sein.

Abb. 16. Zuleitung des Triebwassers in Rohrleitungen zum Turbinenhaus.

Auch in der Abbildung 17 ist eine derartig ausgeführte Anlage für sehr hohes Gefälle dargestellt. Die Rohrleitung aus Eisen führt von der auf dem Berge belegenen Wasserfassung aus zum Krafthaus.

In Amerika und in anderen Ländern hat man in bestimmten Fällen, wo die Beschaffung einer Eisenrohrleitung zu schwierig und kostspielig geworden wäre, mit Erfolg auch Rohrleitungen aus Holz angewandt. Die Teile dieser Rohrleitungen werden wie die Dauben eines Fasses zusammengefügt und durch eiserne anzuspannende Bandagen zusammengehalten.

Für kleinere Anlagen wählt man eine einzige Rohrleitung von der Wasserfassung bis zum Krafthause. Vor dem Kraft-

Abb. 17. Wasserkraftanlage im Hochgebirge. Oben auf dem Berge führt Stollen und Kanal zum Wasserschloß. Von diesem geht mit über 900 m Gefälle die Rohrleitung zum Turbinenhaus im Tal.

hause oder in demselben teilt man dann die Rohrleitung in mehrere Abzweige, falls mehrere Wasserkraftmaschinen aufgestellt werden.

Werden die Dimensionen einer solchen Druckrohrleitung aber zu groß und will man daher aus Gründen der preiswerten Herstellung der Druckrohrleitung, aber auch sehr oft aus

Abb. 18. Doppelrohrleitung zum Turbinenhaus.

Gründen der Betriebssicherheit nicht nur eine einzige Druckrohrleitung haben, so wird, wie in den Abbildungen 16 u. 18 dargestellt, auch die Projektierung mit mehreren nebeneinander liegenden Druckrohrleitungen von der Wasserfassung aus bis zum Krafthause vorgenommen. Der einfachste Fall ist der einer Ringleitung; es werden dann zwei Druckrohrleitungen von der Wasserfassung heruntergeführt und beide, unten miteinander verbunden, speisen die Anlage. Man kann dann eine der beiden Leitungen durch Abschlußorgane (Schieber oder Drosselklappen) außer Betrieb setzen und es braucht bei Stilllegung einer Leitung aus Reparaturgründen nicht der ganze Betrieb ruhen. Bei großen Wassermengen und mehreren Wasserkraftmaschinen in einer Zentrale, überhaupt dort, wo die Entfernung von der Wasserfassung bis zum Krafthause nicht zu groß ist, wird für jede Wasserkraftmaschine eine direkte

Abb. 19. Verteilungsleitung am Turbinenhaus.

Zuleitung von der Wasserfassung bis zum Krafthause genommen. (Abb. 16, 18 u. 19.)

Wir haben in solchen Fällen, wie vorstehend beschrieben, wo Druckrohrleitungen angewandt werden, meist sogenannte Mittel- oder Hochdruckanlagen vor uns. Die Gefälle der Mitteldruckanlagen bewegen sich zwischen 10 und 50 Meter, die der Hochdruckanlagen liegen über 50 Meter und sind bereits bis zu fast 1000 Meter Gefälle (Abb. 17) ausgeführt worden. Ganz große Hochdruckanlagen kommen nur im Hochgebirge vor. Um das zuzuführende Wasser bis an die Wasserfassung zu leiten, sind sehr oft auch noch Kanäle und Wassertunnels (Wasserstollen) notwendig. Es würde zu weit führen, die ganz großen und komplizierten Anlagen bis in die einzelnen Teile zu beschreiben, die hier gebotene Darstellung dürfte genügen, um sich eine Vorstellung dieser Art der Wasserkraftausnutzung machen zu können.

Die vorstehend beschriebenen Hochdruckanlagen haben das Wasser für die Krafterzeugung dem Flusse selbst zwar entzogen, sie waren aber nicht im Wasserlauf direkt eingeschaltet, sondern haben neben dem Flußbett oder ganz abseits desselben die Zuführungsrohrleitung bis zur Kraftzentrale angeordnet.

3. Werkkanäle.

Bei Mitteldruck- und Niederdruckanlagen ist es oft nicht vorteilhaft, direkt in den Fluß oder direkt an demselben die Werkzentrale einzubauen, oder es ist aus baulichen Gründen nicht möglich. In diesen Fällen zweigt man vom Flusse einen künstlich hergestellten Wasserlauf ab, an diesem oder in diesem legt man das Kraftwerk an und führt dann das vom Kraftwerk abfließende Wasser wieder dem Flusse zu.

Einen derartig künstlich hergestellten Wasserlauf nennt man einen Werkkanal oder Mühlgraben. Der Teil, der das Wasser zum Kraftwerk führt, heißt Oberwasserkanal oder Oberwassergraben, derjenige, der das Wasser vom Kraftwerk abführt, Unterwasserkanal oder Unterwassergraben.

Bei Mühlen und kleineren Anlagen, wo ein derartiger Kanal oft aus Holz in rechteckigem Querschnitt hergestellt wird, speziell bei der Wasserzuführung zu Wasserrädern, nennt man den Zulauf auch das Gerinne.

Erforderlich wird die Anlage eines Werkkanals, wenn der Bau des Wasserkraftwerkes im Flusse selbst zu große Schwierigkeiten verursacht und daher die Herstellung der ganzen Wasserkraftanlage außerhalb des Flußbettes einschließlich eines anzulegenden Werkkanals billiger zu erstellen ist, als wenn man die Anlage in den Flußlauf selbst einbaut. Außerdem kann eine derartige Projektierung mit Werkkanal gewählt werden, wenn man dadurch der direkten Hochwassergefahr des Flusses entrückt wird. Hauptsächlich wird die Werkkanalsanlage aber dort gewählt, wo ein größeres Gefälle eines Flusses auf längere Strecke verteilt ist und ausgenutzt werden soll, wobei durch die Anlage eines Werkkanals dieses Gefälle an einer Stelle konzentriert wird.

Das Wasser bedarf, wie bereits ausgeführt, im Werkkanal eines bestimmten Gefälles, um sich mit einer gewissen Geschwindigkeit, welche für die Zuführung des Wassers zum Kraftwerk notwendig ist, zu bewegen, und um nach Nutzung des Wassers aus dem Kraftwerk möglichst schnell abzufließen. Diese Wassergeschwindigkeit richtet sich je nach der Ausführungsart des Kanals, resp. auch nach der Beschaffenheit der Wandungen und Sohle desselben. In Kanälen, die nur aus dem gewachsenen Erdboden ausgehoben sind, soll die Geschwindigkeit des Wassers nur gering sein, weil sonst Auswaschungen und Zerstörungen der Ufer und Sohle eintreten

Abb. 20. Werkkanal im Bau. (Erdarbeiten.)

würden. Je nach der Bodenart läßt man hier Wassergeschwindigkeiten von ungefähr 0,3 bis 0,5 m in einer Sekunde im Oberwasserkanal zu. Zu klein soll man die Wassergeschwindigkeit wiederum nicht wählen, weil in unseren Gegenden die Gefahr des Einfrierens vom Wasserspiegel bis auf den Grund vorliegt, andererseits auch die Baukosten zu groß werden, da der Kanal mit entsprechend sehr großem Durchflußquerschnitt vorgesehen werden muß.

Die Wassergeschwindigkeit kann größer genommen werden, wenn man die Wände des Kanals oder aber die Sohle und beide Wände in sauber geglättetem Beton herstellt (Abb. 20—22). Auch Auskleidung durch Holzbohlen und Steinmauerwerk kommt zur Anwendung, je nachdem das eine oder andere Baumaterial am Orte zugängig und preiswert ist.

Für ausgekleidete Werkkanäle kann man eine mittlere Wassergeschwindigkeit von ungefähr 0,6 bis 0,9 m in einer Sekunde anwenden. Die mittlere Geschwindigkeit ist nicht etwa diejenige im Strömungsstrich, in dessen Mitte die größte Geschwindigkeit auftritt, sondern diejenige, welche man aus den verschiedenen Geschwindigkeiten an vielen Stellen

Abb. 21. Werkkanal im Bau (Betonarbeiten).

des Kanalquerschnittes, auch an den Wänden und an der Sohle, sowie in den verschiedenen Wassertiefen ermitteln muß.

Hierbei spielt die Rauhigkeit der Wände und Sohle eine große Rolle, je rauher diese sind, je mehr Geröll und Kiesgeschiebe vorhanden und je dichter der Pflanzenwuchs ist, oder je größere Schlammablagerungen eintreten, desto mehr wird von der Wassergeschwindigkeit durch die entstehenden Widerstände verloren gehen. Man wählt praktischerweise größere Geschwindigkeiten im oberen Werkkanal, um den Sinkstoffen und dem mitgeführten Sand nicht Gelegenheit zu geben, sich im Kanal auszuscheiden.

Durch eingehende Versuche hat man die verschiedenen Rauhigkeitskoeffizienten für die Kanalwände und Sohle ermittelt, d. h. man hat die Verhältniszahlen festgestellt, mit denen die theoretisch errechneten oder bei der Projektierung angenommenen Geschwindigkeitszahlen multipliziert werden müssen, um die voraussichtlich während des Betriebes im Kanal eintretenden Geschwindigkeitswerte zu erhalten.

Weiterhin ist es von Wichtigkeit, das Verhältnis des benetzten Umfanges des Werkkanals zur Wasserquerschnitt-

Abb. 22. Werkkanal, fertig im Betrieb.

fläche richtig zu bemessen. Die Geschwindigkeit des Wassers wird wachsen, je größer die Querschnittfläche im Verhältnis zum benetzten Umfang wird.

Die Profile der Werkkanäle, d. h. also die freien Durchflußquerschnitte für das Wasser werden in verschiedenen Formen hergestellt. Es gibt rechteckige Querschnitte, trapezförmige Querschnitte (Abb. 21) und solche mit trapezförmigem Querschnitt, bei denen die Sohle nach unten gewölbt ausgeführt wird. Bei trapezförmigem Querschnitt ist die Neigung der Böschung entsprechend der Bodenbeschaffenheit und der Standfestigkeit des durchbrochenen Erdbodens richtig zu wählen.

Abb. 23. Aquädukt über eine Talsenkung geführt.

Abb. 24. Offener Kanal am Hange eines Berges.

Oberwasserkanälen gibt man in der Regel ein Gefälle von ungefähr 0,2 bis 0,5 Meter pro 1000 Meter Kanallänge. Die richtige Bemessung des Profils und das entsprechend vorgesehene Gefälle im Kanal sind wichtige Dinge, welche bei den Baukosten einer Anlage sehr mitsprechen. Sehr oft werden Werkkanäle im Querschnitt zu klein projektiert, die Anlage kann dann später nicht mit der richtigen Ausnutzung des Wassers betrieben werden, oder aber sie werden zu groß projektiert, dann stellt es sich im Betriebe heraus, daß sie zu reichlich Wasser heranbringen. Man hat also unnütze Baukosten aufgewandt, weil man den Kanal im Querschnitt hätte kleiner nehmen können.

Zum Unterschied von den aus dem Erdboden oder aus Fels ausgehobenen Kanälen sind auch noch die künstlichen Gerinne zu erwähnen. Sie kommen zur Anwendung, falls die Terrainhöhen eine Kanalführung im Erdboden ganz oder teilweise nicht gestatten und wenn Senkungen oder Bodenspalten durch die Kanalführung zu überbrücken sind. Diese künstlichen Gerinne werden entweder auf dem Erdboden freistehend aufgesetzt, oder aber sie werden auf Pfeilern und Bogenkonstruktionen je nach der Höhenlage gelagert (Abb. 23).

Die künstlichen Gerinne bleiben entweder oben offen oder sie werden zugewölbt resp. abgedeckt. Man nimmt eine obere Abdeckung vor, wo künstliche Gerinne an Berghängen vorbei gehen, oder in diese eingeschnitten werden, wenn man befürchten muß, daß durch abrutschendes Erdreich oder herunterfallende Steine Zuschüttungen oder Verunreinigungen des Gerinnes vorkommen, auch Schneewehen oder Schneewächten abstürzen können (Abb. 24).

Die einfachste Konstruktion ist die in Holz, sie kommt dort in Frage, wo die Gerinne nicht für zu große Wassermengen ausgeführt werden sollen und wo Holz leicht und preiswert zu beschaffen ist. Die Stütz- und Tragekonstruktion, ebenso die stützende Umrahmung des Gerinnes besteht aus Balkenwerk, die innere Auskleidung aus gut gedichteten Bohlen. Bei diesen Gerinnen aus Holz ist, wie überhaupt bei allen Gerinnen, auf größte dauernde Dichtigkeit Wert zu legen, damit keine Wasserverluste entstehen. Diese Wasserverluste sind nicht nur ein Ausfall an Kraft, sondern sie können stellenweise an undichten Stellen auch Unterspülungen, ferner Rutschungen und dadurch Zerstörungen des Gerinnes herbeiführen. Der

Nachteil der Holzgerinne liegt darin, daß sie dauernd schwer dicht gehalten werden können, und daß ihre Lebensdauer geringer ist, wie die der massiv gebauten.

Gerinne aus Mauerwerk (Bruchstein), Beton oder Eisenbeton sind zwar in den Anlagekosten teurer, wie solche aus Holz, sie besitzen aber den Vorteil einer fast unbegrenzten Haltbarkeit und stellen geringere Ansprüche an die Unterhaltung. Diese Ausführungsart hat sich daher in den letzten Jahrzehnten bei allen größeren und besser ausgebauten Wasserkraftanlagen eingebürgert. Welches Baumaterial man zur Anwendung bringt, hängt von der Oertlichkeit der Baustelle ab, kann dort preiswerter Felsstein gebrochen werden, so wird man vielfach die Gerinne in Bruchstein ausführen, und zwar in den Gegenden, wo die Herstellung aus Beton sehr kostspielig wird. Die Herstellung in Beton, resp. auch in eisenarmiertem Beton hat aber große Vorzüge, weil man in Bezug auf die Formgebung und auf die Art der Anlage weiten Spielraum hat. Der Querschnitt dieser künstlichen Gerinne ist meist ein rechteckiger, weil er für die Herstellung am einfachsten ist, man kann aber auch andere Formen zur Anwendung bringen.

Wo ein Werkkanal oder Triebwerkskanal in seiner Linienführung zu tief unter der Erdoberfläche verläuft, wo ferner die Neigung eines Werkkanals für die Anlage eines Gerinnes am Hange eines Berges entlang zu steil ist, außerdem wo Neigung des Bodens zu Rutschungen und Steinschlaggefahr vorhanden ist, muß man auf die Projektierung eines offenen Gerinnes oder Werkkanals verzichten, trotzdem letzterer wohlfeiler herzustellen wäre. Man geht dann auf einen sogenannten Stollenbau über, indem man in den Berg hinein, sei es durch festes Erdreich, oder besser durch Felsen, einen Kanalstollen bohrt.

Solche Kanalstollen kommen entweder am Einlauf des Triebwerkskanals vor, sie können aber auch nur stellenweise am Anfang, in der Mitte oder am Ende des Triebwerkkanals Anwendung finden. Man unterscheidet solche Kanalstollen, bei denen der Wasserspiegel des Betriebswassers nicht bis zum Scheitelpunkt resp. der Decke des Stollens reicht und nennt sie drucklose Kanalstollen oder aber vollaufende Druckstollen, bei denen das Wasser den ganzen Stollen ausfüllt und somit einen Druck auf die Wandungen ausübt. (Abb. 25 u. 26.)

Der Vorteil des Druckstollens ist der, daß man ähnlich, wie bei einer geschlossenen Rohrleitung nicht in der Leistungsfähigkeit des Stollens durch das reine Längsgefälle der Stollensohle gebunden ist, sondern die Ausnutzung der Wassermassen innerhalb gewisser Grenzen steigern kann.

Die Querschnitte der Stollen sind verschiedenartig, sie nehmen Formen an, ähnlich wie die der Tunnels, und zwar mit oberer gewölbter Decke und geraden Wänden und Sohle, oder aber mit gerader Sohle und darüber bogenförmigem Querschnitt. Die Herstellung des Kanalstollens erfolgt ungefähr nach bergmännischem Grundsatz, zur Verhinderung von Wasserverlusten in spaltigem oder durchlässigem Boden

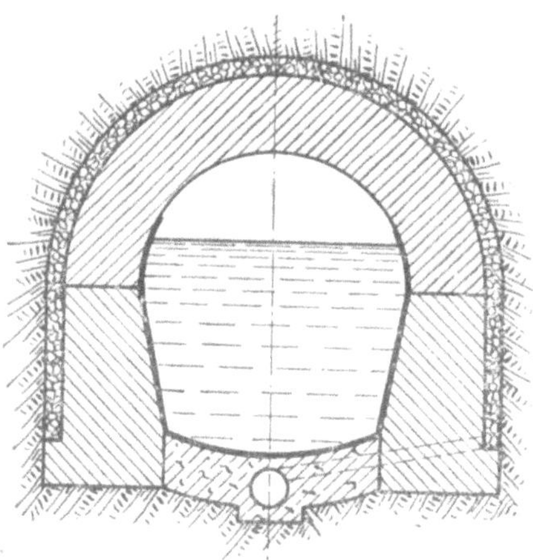

Abb. 25.

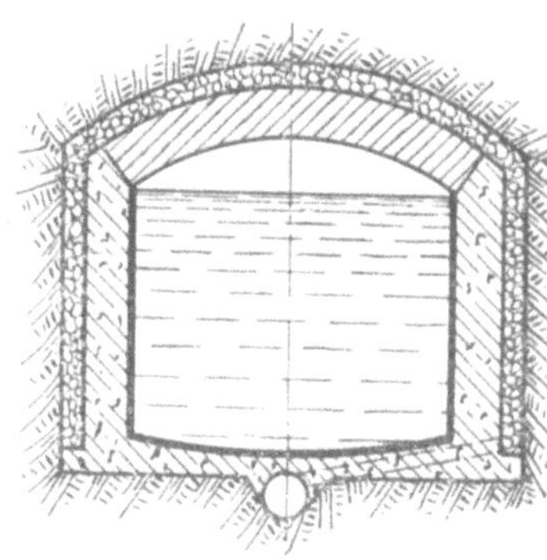

Abb. 26.

werden die Wandungen des Stollens mit Beton oder anderswie ausgekleidet (Abb. 25 u. 26).

Am Ende des Oberwasserkanals liegt das Kraftwerk, von diesem aus führt der Unterwasserkanal das von den Wasserkraftmaschinen ausgenutzte Wasser zum Flusse zurück (Abb. 27).

Der Unterwasserkanal soll möglichst kurz gehalten sein, die Wassergeschwindigkeit in demselben wird größer gewählt, als die des Oberwasserkanals. Das Wasser soll sich möglichst schnell und ohne Rückstau von der Turbinenanlage entfernen. Sohle und Wände, wie die Böschungen müssen daher gut gegen Angriffe des Wassers, Ausspülungen und Auskolkungen geschützt werden, speziell wird hierauf Rücksicht zu nehmen sein beim Austritt des Wassers aus der Turbinenanlage. Die Einmündung des Unterwasserkanals in den Fluß erfolgt möglichst nicht rechtwinkelig zum Flußlauf, sondern in spitzem Win-

Abb. 27. Der Oberwassergraben trifft auf das Turbinenhaus.

Abb. 28. Vom Turbinenhaus, dicht am Flusse, tritt das Betriebswasser durch ganz kurzen Untergraben in den Fluß zurück.

kel in der Richtung des Flußlaufes. Kurz vor dem Eintritt in den Fluß wird meist der Querschnitt des Kanals auch verbreitert, die Kanalsohle des Unterwasserkanals wird dann etwas höher als die Flußsohle angelegt, um gegen Versandungen an der Wassereinflußstelle gesichert zu sein. Bei der Einmündung des Unterwassergrabens in den Fluß werden die Wände des Kanals auch gegen die Strömung gut zu sichern sein.

Nachdem der ganze Werkkanal in seinem Laufe von der Abzweigung aus dem Flusse bis zu seinem Wiedereintritt in

Abb. 29. Im Flusse ein überdachtes Schützenwehr, vor dem Kanaleinlauf nach links abführend eine Einlauf-Schützen-Absperrung.

den Fluß beschrieben ist, sollen verschiedene Vorrichtungen erwähnt werden, welche für die Ausrüstung eines Werkkanals notwendig sind.

Am Einlauf, wo der Werkkanal vom Flusse abzweigt, bringt man Grobrechen und Eisabweiser an, um die aus dem Flusse anschwimmenden Holzteile, grobe Unreinlichkeiten und Eisschollen fern zu halten. Auch gegen den Eintritt von am Flußboden wanderndem Geröll und Sand schützt man sich, indem man die Eintrittssohle erhöht anlegt, so daß eine Schwelle, die sogenannte Kiesschwelle, entsteht.

Am Einlauf des Kanals sind meist Schützenzüge, die sogenannten Kanaleinlaufschützen, angebracht, um den ganzen Einlauf erforderlichen Falles absperren zu können, wenn es wegen Hochwassergefahr oder aus sonstigen Gründen, beispielsweise bei Reparatur und Reinigung des Werkkanals oder des Kraftwerkes notwendig werden sollte (Abb. 29).

4. Stauwerke.

Nur selten ist das natürliche Gefälle an einer Stelle des Flusses so vereinigt, daß man die Anlage günstig direkt in den Fluß ohne künstliches Stauwerk einbauen kann, sondern meist muß man das Gefälle erst durch ein Stauwerk auf eine Stelle konzentrieren (Abb. 30).

Das Stauwerk, auch Wehr genannt, ist ein künstlich geschaffenes Hindernis im Flußbett selbst, über die ganze Breite

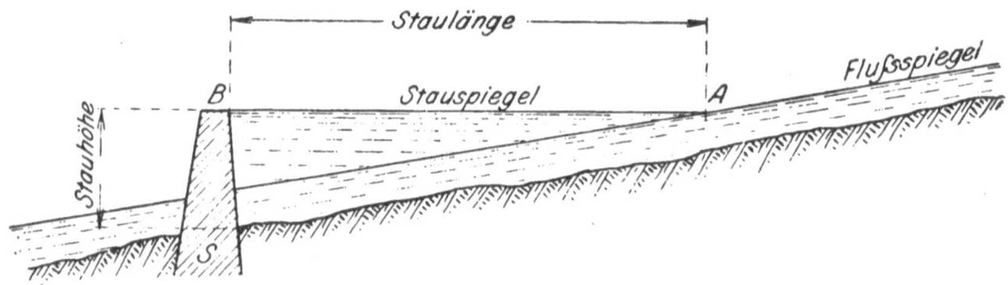

Abb. 30. Schema für ein im Flusse eingebautes Stauwerk.

des Flusses reichend und ihm den glatten, unbehinderten Durchfluß verwehrend.

Die Wehre werden je nach ihrem Zwecke durch Erdschüttung mit innen liegendem Dichtungskern aus wasserundurchlässigem Material und mit Abpflasterung an den Böschungen oder mit sonstigen Befestigungen der Oberflächen hergestellt. Auch aus Holz und Bohlenwerk werden Wehrbauten errichtet. Moderne Wehre sind meist aus Rohsteinen oder aber in Betonbau hergestellt. Die Höhe der Wehre ist sehr verschieden und richtet sich nach dem auszunutzenden Gefälle. Die sehr hohen Stauwerke, die ein großes Wasservorratsbecken vor sich schaffen und von Talwand zu Talwand gezogen sind, nennt man Talsperren.

Das Wehr- oder Stauwerk hat außer der Konzentration des Gefälles an einer Stelle noch den Zweck, den Eintritt des Wassers aus dem Fluß in eine Wasserfassung resp. Rohrleitung oder in einen Werkkanal zu bewirken, und zwar mit der Wirkung, daß eine bestimmte Wasserspiegelhöhe im Kanal selbst eingehalten werden kann (Abb. 31).

Es ist aber nicht zulässig, ein Wehr lediglich den Bedürfnissen der Wasserkraftanlage allein entsprechend anzulegen, es müssen auch andere sehr wichtige Erfordernisse und Verhältnisse berücksichtigt werden, wie die der Hochwassergefahr, Schiffahrt, Flößerei und endlich auch die Notwendigkeiten für die Erhaltung der Fischzucht.

Für den ungestörten Abfluß des Hochwassers ist es notwendig, die Wehrhöhe in Berücksichtigung der zu erwartenden Hochwassermenge festzulegen und dem Wehr selbst eine genügende Breite zu geben. Wo die Flußbreite allein hierfür nicht genügt, wenn das Wehr senkrecht zur Flußrichtung herübergelegt wird, muß man eine schräge, bogenförmige oder eine geknickte Form der Wehranlage schaffen, damit genug freier Abflußquerschnitt für das Hochwasser vorhanden ist. Werden diese Verhältnisse nicht berücksichtigt, so sind Ueberschwemmungen im Flußtal vor dem Wehr die Folge, oft kann dann auch der Wehrkörper eingedrückt und zerstört werden. Lassen sich die genügenden freien Ueberfall-Querschnitte für das Hochwasser oberhalb des Wehres nicht schaffen, so sind außerdem meist seitlich am Ufer durch Schützenzüge schnell herstellbare Durchflußöffnungen zu schaffen, damit nach Aufziehen dieser Schützen ebenfalls Wasser in ausreichender Menge durchgelassen werden kann. (Abb. 32.)

Für die Flößerei werden Floßgassen in Form von Kammerschleusen mit genügendem Bodengefälle vorgesehen, wobei man die Länge der Kammer nach den längsten Hölzern, welche durchgeflößt werden sollen, zu richten hat. Hierbei ist Grundsatz, daß man möglichst wenig Wasserverluste haben soll, da diese ja für das Wasserkraftwerk Ausfall an Leistung bedeuten. Bei Floßgassen wird auch im Anfang der Floßgasse für eine gewisse Wasserhöhe ein Schützenzug eingerichtet, der nur bestimmte Wasserfadentiefe freigibt, gerade ausreichend, damit das Holz durchschwimmen kann. Diese Floßgassen-Schützenzüge werden nur geöffnet, wenn Holz durchzuflößen ist. Für sehr starken Flößereibetrieb muß man zur reinen Kammerschleuse mit Abschließung durch Schützen oder Tore vor und hinter der Schleuse greifen.

Für die Schiffahrt sind Kammerschleusen stärkerer Bauart vorzusehen, welche in der Größe sich dem größten durch-

Abb. 31. Stauwehr in einem Gebirgsflusse.

Abb. 32. Stauwehr, vom Stauweiher aus gesehen, mit Frei- und Grundschützen, zum Regulieren und Ablassen des Stauweihers.

zuschleusenden Schiffskörper anpassen müssen. Der Abschluß vorn und hinten an der Schleusenkammer wird durch drehbare Schleusentore bewirkt.

In den Flüssen, in denen Fischzucht getrieben wird und Fische besonders wertvoller Art, wie Forellen, Lachse usw. leben, ist es notwendig, den Lebensbedürfnissen der Fische Rechnung zu tragen. Die Fische wandern zur Brutzeit stromaufwärts und eine Wehranlage mit konzentriertem hohen Gefälle würde es den Fischen unmöglich machen, über dieses Wehr hinwegzukommen. Bei niederen Wehren, speziell bei oft überfließenden Ueberfallwehren schwingen sich Forellen und Lachse auf Höhen von 1,50 bis 2 m über die Wehrkörper hinweg, sobald nur irgendwie ein kleiner Wasserstrom über das Wehr kommt. Bei Wehren für höhere Gefälle ist es notwendig, eine sogenannte Fischtreppe oder einen Fischpaß anzulegen. Eine Fischtreppe besteht aus vielen kleinen Bassins, welche treppenförmig steigend angeordnet sind. Die Bassins haben unten ein Einschlupfloch, in das der Fisch in das Bassin eintreten kann, er schwimmt dann in jedem Bassin auf und benutzt dann die nächste Durchschlüpföffnung, bis er die ganze Wehrhöhe vermittelst der Fischtreppe überwunden hat. Man muß hierbei vermeiden, die Schlupflöcher gar zu groß zu machen, weil dieselben dann einen zu großen Wasserverlust zur Folge haben.

Die Stauwerke oder Wehre werden in verschiedener Art, je nach dem Verwendungszweck auszuführen sein.

Das Grundwehr wird bei kleiner Stauhöhe und ziemlich gleichmäßigen Strömungsmengen eines Flusses gewählt werden, speziell auch dort, wo das Hochwasser im Verhältnis zum normalen Flußwasser so stark ist, daß ein vollständiger Abschluß des Flusses durch ein höheres Wehr nicht zulässig ist.

Das Ueberfallwehr (Abb. 33) gestattet höheren Aufstau. Der Ueberfall von Wassermengen kann hierbei nur erfolgen, wenn der Wasserspiegel sich über eine vorgesehene und festgelegte Höhe erhebt und dann gestattet es den Abfluß bestimmter, durch Berechnung festgelegter Wassermengen. Oft setzt man auf Ueberfallwehre, speziell im Sommer, resp. zu Zeiten, wo der Fluß wenig Wasser führt, zur Erhöhung der Stauhöhe noch Aufsätze oder Wehrklappen auf (Abb. 34). Wenn nämlich im Flusse wenig Wasser ist, kann man das Gefälle höher an-

Abb. 33. Festes Ueberfallwehr mit Freischützen.

Abb. 34. Festes Ueberfallwehr mit Wehraufsatz.

stauen, ohne befürchten zu müssen, daß die Ufer überschwemmt werden, es tritt dann trotz der geringeren Sommerwassermenge vermöge des erhöhten Gefälles ein gewisser Ausgleich für das verminderte Wasser ein. Derartige Wehrklappen können bei plötzlich eintretendem Hochwasser oder zu wasserreichen Zeiten niedergelegt werden. Die Bedienung, d. h. die Aufrichtung der Klappen und die Niederlegung derselben kann bei kleinen Wehren von einem Wehrstege aus von Hand geschehen, bei größeren Wehren kann man diese Tätigkeit auch vom Ufer aus vermittelst besonderer Mechanismen ausüben. Es gibt auch selbsttätige Wehrklappen, welche bei bestimmter Höhe des Wassers automatisch umklappen.

Das Schützenwehr (Abb. 35) kommt zur Anwendung über die ganze Flußbreite, oder aber als Teilwehr an einem festen Ueberfall, oder sonstigem Stauwerk. Wenn die Wassermenge des Flusses stark veränderlich ist und man ein Grundwehr wegen der eventuell eintretenden größeren Wasserverluste nicht anwenden will, greift man zur Anordnung eines Schützenwehres und kann dadurch eine Vorrichtung schaffen, daß die Stauhöhe nie wesentlich überschritten zu werden braucht. Man vermeidet dadurch außer Ueberschwemmungen der oberhalb des Wehres gelegenen Ländereien auch Unannehmlichkeiten und Prozesse von oberhalb liegenden Wasserkraftbesitzern, deren Unterwasser durch zu hohen Stau beeinträchtigt werden kann. Das Schützenwehr, bestehend aus einer Anzahl nebeneinander liegender Einzelschützenzüge, hat den Vorzug, daß man sich leicht den heranströmenden Wassermengen anpassen und sie regulieren kann. Solche Schützenwehre von 10 und mehr Einzelschützenzügen sind keine Seltenheit. Bei festen Wehren findet man an einer Seite oder an beiden Seiten des Flusses sehr oft noch 2—3 Schützenzüge, von denen einer oder mehrere dann als Grundschützen ausgebildet sind mit einer Höhe der Schützentafel, die dem ganzen Gefälle entspricht. Bei Erfordernis kann dann der ganze Aufstau des Wassers durch den Grundschützen abgelassen werden. (Abb. 33 u. 36.)

Die Schützen an festen Wehren, um Wasser abzulassen, nennt man Freischützen oder Freifluter. Die Bewegung der Schützentafeln, welche aus starkem Holzbohlenwerk oder bei schweren, für breite Oeffnungen bestimmten, aus Trägerkonstruktion mit Eisenblechen hergestellt werden, geschieht durch

Abb. 35. Schützenwehr mit Bedienungssteg.

Abb. 36. Antrieb einer Schützenwinde durch Elektromotor.

speziell eingerichtete Windwerke, deren Räder zuletzt in Zahnstangen eingreifen. Die Zahnstangen selbst sind mit Scharnierbolzen an den Schützentafeln befestigt. Der Antrieb der Schützenwinde kann bei kleineren Schützen von Hand durch eine Kurbel und Räderübersetzung erfolgen, bei größeren Schützen wählt man den Antrieb der Windwerke durch Elektromotoren. Letzteres hat auch den Vorteil, daß man bei Inbetriebsetzung der Schützen nicht aus dem Krafthaus herauszugehen braucht, sondern die Betätigung vom Schaltbrett des Krafthauses bewerkstelligen kann (Abb. 36).

Es hat sich das Bedürfnis herausgestellt, für Flüsse, welche starken Eisgang haben, in kurzer Zeit im Wehrkörper

Abb. 37. Walzenwehr mit hochgezogener Walze.

vollständig freien Wasserquerschnitt zu schaffen. Das ist bei einem Schützenwehr nicht möglich, weil immer im Flusse die seitlichen Führungsgestelle der Schützen, resp. die Pfeilerwände stehen bleiben.

Die Möglichkeit, große, freie Durchflußquerschnitte im Flusse zu schaffen, ist dann gegeben, wenn man bewegliche Staukörper zwischen starken Mauerpfeilern anordnet. Diese Staukörper werden in ihrer Grundform nach Art einer Walze von großem Durchmesser aus Eisenblech wasserdicht zusammengenietet und lagern über die Breite des Stromes zwischen zwei Pfeilern. Man kann auch mehrere derartige Wehrkörper zwischen Pfeilern nebeneinander legen. Der Staukörper in

Form einer Walze oder auch in anderer Form ruht auf geneigt liegenden Schienen, die sich in seitlichen Mauerwerksnischen der Pfeiler befinden und wird mit Hilfe schwerer Ketten hochgerollt (Abb. 37).

Um eine gleichmäßige Bewegung beider Walzenenden zu sichern, befindet sich an letzteren je ein Zahnkranz, welcher in eine am Mauerwerk des Pfeilers befestigte Zahnstange eingreift. Der Antrieb der Aufzugskette, resp. das Emporrollen des Staukörpers wird mit Hilfe eines Windwerkes und elektrischer Antriebskraft bewirkt, bei kleineren Walzenwehren kann auch Handantrieb gewählt werden. Es ist nicht nur die Möglichkeit gegeben, Wehröffnungen von großer Weite und Stauhöhe ohne irgendwelche Einbauten innerhalb der Wehröffnungen herzustellen, sondern auch die Möglichkeit, bei Eisgang die Oeffnungen in kurzer Zeit frei zu geben und dem Eise Durchtritt zu gestatten.

Ausführungen für Gefälle von 4 bis 6 Meter und einer Länge des Walzenkörpers von über 30 Meter sind keine Seltenheit. Außer den Walzenwehren werden noch Sektorwehre und andere Konstruktionen ausgeführt, sie alle zu beschreiben würde hier zu weit führen.

5. Kraftháuser.

Wir kommen nun zu dem Bauwerk, welches am Ende des Oberwasserkanals und am Anfang des Unterwasserkanals liegt, an der Stelle, wo durch die Kanalanlage das Gefälle vereinigt worden ist. Hier im Krafthause oder Turbinenhause befinden sich die Turbinen. In der einfachsten Ausführung werden oft ganz kleine Turbinenhäuser aus Holz oder Fachwerk hergestellt, während größere und ganz große Anlagen nur massiv in Beton oder Stein ausgeführt werden. Bei modernen Krafthäusern ist auf den Charakter der Gegend Rücksicht genommen, Stil und Ausstattung weisen dementsprechende Formengebung auf (Abb. 38 u. 39).

Der einheitliche Grundbau des Krafthauses wird bei modernen Turbinenanlagen massiv und massig in Beton, oft unter Armierung mit Eisen hergestellt, damit die eingebaute Turbinenanlage sicher und erschütterungsfrei arbeiten kann. Jede Wasserturbine wird in der Regel in eine für sich abgeschlossene Turbinenkammer eingebaut.

Der auf dem Grundbau aufsteigende Hochbau, welcher den eigentlichen Maschinenraum enthält, wird je nach dem

Abb. 38. Turbinenhaus vom Oberwassergraben aus gesehen, mit Rechen und Einlaufschützen. (s. Abb. 40).

Abb. 39. Turbinenhaus von der Unterwasserseite gesehen.

erreichbaren Material in Ziegelsteinen, in behauenen Natursteinen oder auch in Beton hergestellt. Die Umfassungswände nach der Oberwasserseite sind besonders stark und dicht gegen den Druck des Wassers auszuführen.

Vor dem Turbinenhaus liegen oberwasserseitig die Rechen, d. h. die Vorrichtungen aus eng aneinander gereihten Flacheisenstäben, welche verhüten sollen, daß Unreinlichkeiten und anschwimmende Gegenstände in die Turbine gelangen. (Abb. 40.)

Die Unreinlichkeiten, welche meist zu Störungen Anlaß geben, sind je nach der Jahreszeit verschieden. Im Herbst fallen ungeheure Mengen Blätter in die Flüsse, während der Zeit der Ernte kommen Grasnarben, Wasserpflanzen usw. in die Flußläufe, in manchen Flüssen lösen sich bewachsene Uferteile los und schwimmen stromabwärts. Größere und kleine Aeste von Bäumen, ja sogar ganze Baumstämme treiben, speziell bei Hochwasser und nach demselben im Stromlauf. Im Winter ist das Eis der Feind der Betriebsanlage. Eisschollen und auch Grundeis schwimmen gegen die Krafthäuser an und würden unfehlbar schwere Betriebsstörungen hervorrufen, wenn nicht die Rechenpartie Schutz bieten würde. Zu Zeiten, zu denen besonders viel Unreinlichkeiten in den Flüssen sind, hat das Maschinenpersonal Mühe, um mit Kratzen und Harken von den Rechenstäben diese Unreinlichkeiten wegzukratzen und sie auf den Steg, die sogenannte Rechenbrücke, zu heben, von wo aus sie mit Karren abgeführt werden müssen.

Für besonders große Anlagen mit sehr großen Rechenfeldern, oft sind solche von 60 m Länge und mehr vorhanden, läßt sich diese Arbeit gar nicht mehr von Hand durch das Maschinenpersonal bewältigen, sondern man muß mechanische Vorrichtungen anbringen, sogenannte Rechenputzmaschinen, um der enormen Mengen der anschwimmenden Unreinlichkeiten Herr zu werden (Abb. 40).

Vom Rechen, welcher dicht vor dem Krafthause liegt, bis zum Krafthause ist noch ein Raum vorhanden, in welchem die Einlaufschützen der Turbine eingesetzt werden (Abb. 41). Diese Einlaufschützen sind unbedingt vor jeder Turbinenkammer notwendig, um den Betrieb der einen oder anderen Turbine abstellen zu können, sei es, weil man die Leistung einer Turbine augenblicklich nicht gebraucht, sei es, um eine Reparatur oder Revision der Turbine auszuführen. Die Art und Konstruktion dieser Schützen ist bereits an früherer

Abb. 40. Turbinenhaus, oberwasserseitig, mit langem Rechen und Rechensteg, auf letzterem eine Rechenputzmaschine.

Abb. 41. Turbinenhaus, im Oberwasser vor jeder Turbinenkammer ein Rechen und Schützen, rechts neben dem Hause zwei Freischützen.

Stelle (Seite 45 u. 47) beschrieben worden, es sind in eisernen Führungen laufende Tafeln aus Holz oder Eisenblech, welche den Zulaufquerschnitt absperren, wobei diese Tafeln vermittelst eines schweren Windwerkes mit Räderübersetzung entweder von Hand, oder auch bei größeren Ausführungen durch Elektromotoren betrieben werden können (Abb. 36). Nicht nur vor jeder einzelnen Turbinenkammer wird ein Schützen im Werkkanal angeordnet, sondern man wird unter Umständen auch einen oder mehrere Schützen neben dem Turbinenhaus projektieren, sogenannte Freifluter oder Freischützen, um bei Stillstand der ganzen Anlage das Wasser aus dem Kanal abführen zu können, auch bei Hochwasser, um mehr Wasserdurchfluß zu erhalten. Die Freischützen dienen außerdem auch zum Ablassen von Eisschollen, falls solche sich sehr stark vor dem Turbinenrechen anstauen.

Da an den Schützen selbst, ebenso an den Rechen Reparaturen vorkommen können, werden in den Pfeilermauern der einzelnen Turbinenzuläufe Aussparungen angebracht, sogenannte Dammbalkenfalze, um für vorkommende Fälle durch eingelegte Balken und Dichtungen einen Abschluß des Wassers gegenüber dem Bauwerk möglich zu machen. Diese Dammbalkenfalze werden auch im Unterwasser an den Austrittsöffnungen der Turbinenkammern zwischen den Pfeilern zweckmäßig vorgesehen, damit ebenfalls dort für Reparaturen an der Turbine ein Abschluß gegen das Unterwasser erfolgen kann.

Der Grundbau des Turbinenhauses (Abb. 42) bei offener Heranführung des Wassers durch den Werkkanal weist folgende Teile auf. Für jede Turbine hat man einen zwischen Pfeilermauern liegenden Turbinenzulauf, dieser mündet in einen offenen oder geschlossenen Zulaufschacht für das Wasser, die sogenannte Turbinenkammer A, deren untere Begrenzung der Turbinenboden bildet. Auf diesen Turbinenboden wird in den meisten Fällen die Turbine aufmontiert, es kommt aber auch bei horizontalen Wandturbinen vor, daß die Turbine gegen die besonders verstärkte seitliche Oberwasserwand montiert wird. Unterhalb der Turbine befindet sich der Ablaufschacht B oder auch Saugrohr genannt. Wo der Abstand zwischen Oberwasserspiegel und Unterwasserspiegel sehr groß ist, entsteht zwischen dem Turbinenboden und dem oberen Maschinenhausfußboden noch ein Zwischenstockwerk, der sogenannte Zwischenboden. In diesem befinden sich, wenn er hochwasserfrei liegt, die Mechanismen für die Regulierung der Turbine, Rohrleitungen, Triebwerksteile, auch die Kabelkanäle für elektrische Leitungen, Luftzuführungen usw. Ueber dem Grundbau, und zwar

Abb. 42. Schnitt durch ein Turbinenhaus mit offener Wasserzuführung und Abführung durch Betonsaugrohr.

oberhalb der Turbinenkammern befindet sich der Maschinenhausfußboden, auf demselben sind meist die zur Kraftabnahme bestimmten Triebwerksteile angeordnet, dort stehen auch die elektrischen Generatoren (Dynamomaschinen) und auf diesem sogenannten Maschinenflur befindet sich meist auch das Schaltungshaus für die elektrische Stromverteilung.

In einem Turbinenhaus können eine oder mehrere Turbinen nebeneinander zur Aufstellung kommen, man hat Turbinenhäuser mit bis zu 20 und mehr Turbinen ausgeführt (Abb. 43).

Abb. 43. Inneres eines Turbinenhauses. Auf den vertikalen Turbinenwellen die Generatoren.

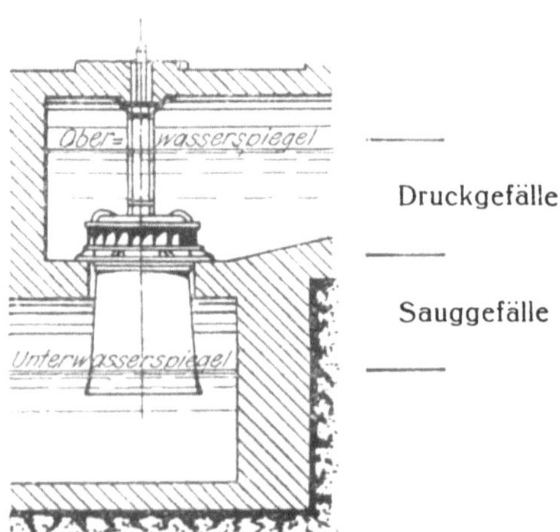

Abb. 44. Schnitt durch eine Turbinenkammer.

Der Grundbau ist so anzulegen, daß die Turbinen selbst möglichst über dem höchsten zu erwartenden Unterwasserspiegel liegen, damit die Laufräder der Turbine nicht im Stau des Unterwassers zu arbeiten brauchen. Bei Eintreten von Hochwasser führt ein Fluß abnormal große Wassermengen mit sich und da er diese Wassermengen im eigentlichen Flußbett abführen muß, so tritt eine Erhöhung des Wasserspiegels sowohl vor als hinter dem Wehr im Flusse ein. Das Wasser tritt dann auch vom Flusse aus rückstauend in den Unterwasserkanal, so daß der Unterwasserspiegel oft sehr bedeutend über die normale Unterwasserspiegelhöhe steigt.

Die Turbinen selbst sollen bei Anlagen mit offener Wasserzuführung unter ausreichend hohem Druckgefälle des Oberwasserspiegels arbeiten, man stellt daher die Turbinen zwar so hoch, daß sie möglichst über dem höchsten Unterwasserspiegel liegen, muß aber hierbei in Berücksichtigung ziehen, daß dabei über der Turbine selbst bis zum Oberwasserspiegel noch eine ausreichende Wasserhöhe bleibt, das sogenannte Druckgefälle. Würde man die Turbine zu hoch legen, so könnte es vorkommen, daß das Druckgefälle bei der Turbine zu klein wird, dann arbeitet die Turbine schlecht, weil sie die für einen guten Nutzeffekt schädlich wirkende Luft aus der Atmosphäre mitreißen würde (Abb. 44).

Wird das Wasser nicht im offenen Werkkanal zugeleitet, sondern in geschlossener Rohrleitung, so führt man diese Rohrleitung bis an das Krafthaus heran und geht dort entweder vor dem Krafthaus oder im Krafthaus in die Verteilungsleitung über, die so viele Abzweigstellen haben muß, wie Turbinen vorhanden sind (Abb. 45). Aber nicht nur die der Anzahl der Turbinen entsprechende Zahl der Abzweigstellen ist notwendig, sondern es ist auch ein Freilaß vorzusehen, um das Wasser aus der Rohrleitung ablassen resp. die Rohrleitung entleeren zu können.

Bei geschlossener Zuführung durch Rohrleitung gibt es keine Turbinenkammer, sondern die Turbine selbst hat ein geschlossenes Eisengehäuse, in diesem läuft das Wasser direkt in das die Kraft leistende Laufrad. Das Wasser verläßt dann geschlossen geführt die Turbine durch das an den Turbinenablauf anschließende Saugrohr, welches aus Eisenblech oder aus Beton ausgeführt wird (Abb. 46). Da die Rohrleitung geschlossen ist, braucht man vor den Turbinen keine Rechen,

Abb. 45. Inneres eines Turbinenhauses. Hochdruckturbinen mit horizontaler Welle und direkt gekuppelten Generatoren.

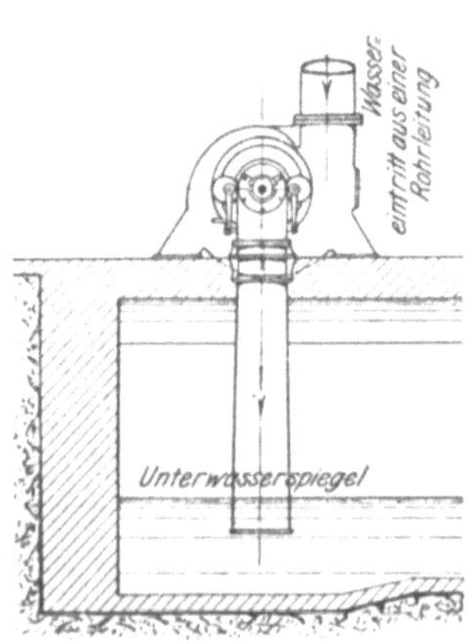

Abb. 46. Horizontale Francisturbine mit geschlossenem Gußgehäuse u. schmiedeeisernem Saugrohr zur Wasserabführung.

denn die Rechen befinden sich in der bereits an früherer Stelle beschriebenen Wasserfassung oder dem Wasserschloß. Dicht vor jeder Turbine in der Rohrleitung wird zweckmäßig eine Absperrvorrichtung in Gestalt eines Wasserschiebers oder einer Drosselklappe eingebaut. Diese Abschlußorgane werden bei kleineren Dimensionen von Hand bewegt, bei den größeren mechanisch, sei es hydraulisch mit eigenem Wasserdruck oder elektrisch.

Es gibt auch eine bestimmte Turbinenart, welche die Anlage eines Saugrohres nicht notwendig hat, diese Turbinenart muß vollkommen hochwasserfrei über dem Unterwasser aufgestellt werden und das Wasser, welches die Turbine verläßt, fällt frei aus dem Turbinenrade heraus in den Unterwasserkanal, der sich direkt unterhalb befindet (Abb. 47).

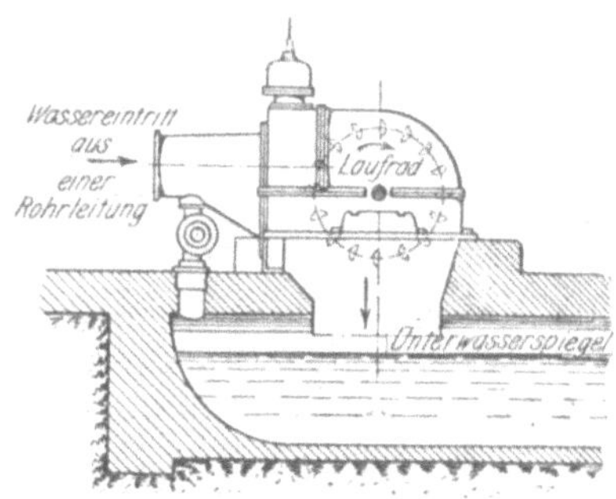

Abb. 47. Hochdruckturbine, ohne Saugrohr frei über dem Unterwasser aufgestellt.

Hierbei geht das Gefälle zwischen dem Unterwasserspiegel und dem Laufrad der Turbine verloren. Bei den bereits beschriebenen Turbinen mit offenem Wasserzulauf und bei geschlossenen Turbinen, bei denen ein Saugrohr von der Turbine in das Unterwasser reicht, geht dieses Gefälle nicht verloren, sondern es wird in bestimmter, später noch zu beschreibender Art, nutzbar gemacht. Es rechnet also dieser Höhenunterschied als sogenanntes Sauggefälle zum Unterschied von dem vorher beschriebenen Druckgefälle, zu dem ausnutzbaren Gefälle.

Bei der Besprechung des Krafthauses oder Turbinenhauses soll noch einer Einrichtung Erwähnung getan werden, nämlich der genehmigten Stauhöhe und des Merkpfahles (Eichpfahles). Wenn die Genehmigung für die Errichtung einer

Wasserkraftanlage von den Behörden erteilt wird, oder die nachgesuchte Verleihung für eine Wasserkraftanlage erfolgt, werden an diese Genehmigung auch bestimmte Bedingungen und Verpflichtungen geknüpft, darunter ist die hauptsächlichste die Anlage eines Merkpfahles oder Eichpfahles oder einer Staumarke. Ein derartiger Pfahl oder eine Staumarke wird von der Behörde selbst unter Zuziehung des Werkbesitzers gesetzt oder angebracht und bedeutet, daß der Werkbesitzer diese Marke als höchsten Oberwasserspiegel unbedingt einzuhalten hat, und daß er bei Ueberschreitung dieser Stauhöhe für die schädlichen Folgen gegenüber Anliegern am Flusse oder anderen Werkbesitzern aufzukommen hat. Gleichzeitig mit der Setzung eines Staupfahles oder mit der Anbringung einer Staumarke oder eines Pegels (Maßstab in Eisen) wird auch die zulässige Höhe der Wehrkrone von der Behörde festgesetzt.

Bei der Einreichung der Genehmigung für Ausbau einer Wasserkraft muß der Nachsuchende durch Zeichnung und Berechnung genau die Anlage so erläutern, beschreiben und die Verhältnisse nachweisen, daß die Behörde die Verleihung der Wasserkraft und die Genehmigung zum Bau erteilen kann, unter Berücksichtigung der Verhütung von Verlusten und Störungen Dritter, welche am Flusse Anlieger sind, oder oberhalb oder unterhalb Triebwerke besitzen. Die Vorschriften hierfür sind in den Wassergesetzen der verschiedenen Länder niedergelegt und nach ihnen hat sich der, welcher eine Wasserkraft auszubauen wünscht, zu richten; er hat nach diesem Gesetz für alle Schäden einzustehen, die durch seine Anlage hervorgerufen werden, sei es durch falsche Maßnahmen im Betrieb, sei es durch fahrlässige, unzweckmäßige oder unsachgemäße Bauweise.

6. Turbinen.

Wasserturbinen sind Arbeit leistende Maschinen, bei welchen eine ruhende Leitvorrichtung (Leitapparat) das in die Turbine eintretende und in einzelne Strahlen zerlegte Wasser unter gewissen Bedingungen und in bestimmter Richtung einem mit Schaufeln versehenen und um eine Drehachse (Welle) drehbaren Laufrade zuführt, zu dem Zwecke, dem Betriebswasser die vorhandene potentielle Energie (aufgespeicherte Arbeit) zu entziehen und in Form von kinetischer Energie (lebendiger Kraft oder Geschwindigkeit) vermöge Einwirkung auf die Schaufeln des Laufrades an die Drehachse (Welle) weiterzugeben. Die Grundsätze, nach denen sich die Umsetzung der Energie abspielt, sollen nunmehr kurz erläutert werden.

Im Abschnitt III „Wasserkraft" war dargestellt worden, wie die Arbeitsleistung des Wassers entsteht und wie sie zu berechnen ist. Wenn man die dort dargestellte schematische Abbildung 8 resp. 9 abändert und nun den Lauf des herabstürzenden Wassers sich in der zwangläufigen Form einer

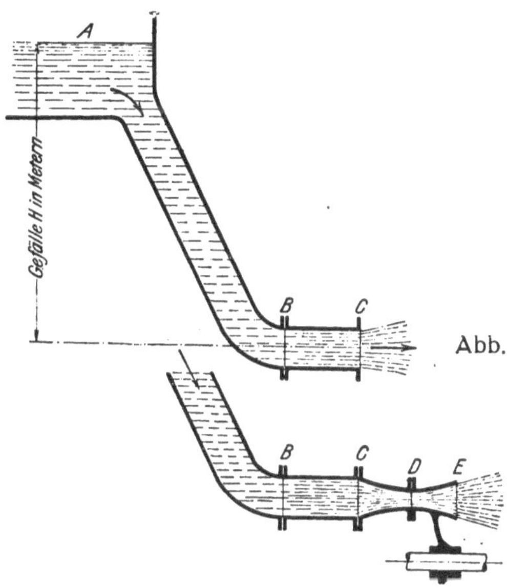

Abb. 48.

Abb. 48a.

Rohrleitung dargestellt denkt, wie in Abbildung 48 und 48a, so werden folgende Vorgänge eintreten.

Wenn die Ausflußöffnung der Rohrleitung bei C geschlossen ist, steht die ganze ruhende Wassermasse vom Gewicht P Kilogramm unter einem inneren Ueberdruck von H Meter Wassersäule und hat eine potentielle Energie (aufgespeichertes Arbeitsvermögen) von P × H Meterkilogramm (mkg). Oeffnet man die Ausflußöffnung C, so tritt ein Wasserstrahl heraus, der ungefähr dieselbe Geschwindigkeit besitzt, wie wenn das Wasser die freie Höhe H herabgefallen wäre und zwar wenn man sich das Rohrstück bis C in gleichem Querschnitt ausgeführt denkt. Verengt man jedoch den Querschnitt bei C durch Anfügen zweier konischer, trichterförmiger

Rohrstücke C—D und D—E, wie in der Abbildung 48a dargestellt, so wird der Wasserstrahl an der engsten Stelle im Rohr bei D eine erhöhte Geschwindigkeit annehmen. Es hat also eine Erhöhung der kinetischen Energie (der Geschwindigkeit) im konischen (trichterförmigen) kurzen Rohrstück stattgefunden.

Kurz zusammengestellt wird also das Wasser, wenn man die Bewegungsvorgänge im ganzen Rohr bis E betrachtet, folgende Phasen durchmachen.

1. Bei abgeschlossenem Rohr hat das Wasser gar keine Geschwindigkeit, es übt lediglich einen bestimmten Ueberdruck auf die Gefäßwände aus, der in den Punkten B, C, D und E gleich groß ist und der Druckhöhe H entspricht.
2. Im Rohr von gleichmäßigem Querschnitt wird das Wasser, wenn es frei austreten kann, eine bestimmte gleichmäßige Geschwindigkeit annehmen, die der Druckhöhe H entspricht.
3. Verengt man den Querschnitt des Rohres allmählich an einer Stelle, so wird das Wasser entsprechend der Verengung von einer kleineren Geschwindigkeit in eine größere übergehen.
4. Erweitert man dann den Querschnitt des Rohres wieder, so wird die Geschwindigkeit des Wassers sich wieder verringern.

Wo der Durchflußquerschnitt des Wassers sich verengt, tritt bei erhöhter Geschwindigkeit eine Verminderung des Druckes auf, wo der Querschnitt sich erweitert, tritt bei verminderter Geschwindigkeit eine Erhöhung des Druckes ein.

Denkt man sich viele solcher Rohrteile C—D als Einzelzellen konzentrisch um eine drehbare Achse gruppiert, so hat man den Leitapparat einer Turbine, denkt man sich außerdem viele der Rohrteile D—E konzentrisch um dieselbe drehbare Achse, fest mit derselben verbunden, also auch mitdrehbar angeordnet, so hat man das Laufrad einer Turbine schematisch dargestellt (Abb. 48a).

Die vorstehend geschilderten Vorgänge spielen sich also im Leitapparat und Laufrad einer Turbine ab. Der Leitapparat besitzt kurz gebaute, düsenartige (verjüngte) Leitkanäle, denen das Wasser mit dem inneren Ueberdruck des Gefälles und mit geringer Strömungsgeschwindigkeit zufließt. Das

Wasser verläßt die Leitkanäle aber mit verhältnismäßig großer Strömungsgeschwindigkeit entweder mit nur teilweise vermindertem Ueberdruck, dann findet eine weitere Umsetzung dieses noch vorhandenen inneren Ueberdruckes in den Schaufelzellen des Laufrades statt und man hat eine sogenannte Reaktionswirkung.

Im anderen Falle, wo das Wasser ganz ohne inneren Ueberdruck den Leitapparat verläßt und alle potentielle Energie in Geschwindigkeitsenergie im Leitapparat umgewandelt ist, tritt in den Schaufelzellen des Laufrades lediglich eine Ausnutzung und Verminderung der Geschwindigkeitsenergie durch die geleistete Arbeit ein. Eine reine Aktionswirkung hat stattgefunden.

Zwischen Leitapparat und Laufrad befindet sich, da die beiden Maschinenteile nicht ganz wasserdicht aneinander gepaßt sein werden, der sogenannte Spalt. Dieser Spalt wird je nach der Konstruktion der Turbine kleiner oder größer vorgesehen werden müssen.

Es sind in vorstehenden Erläuterungen die drei Hauptteile der Wasserturbine genannt, der Leitapparat, das Laufrad und die Drehachse (Welle), welche bei verschiedener Anordnung und Lage die verschiedenen Arten der Turbinenkonstruktionen ergeben.

Die Einteilung der Turbinen in sechs Hauptgruppen (I—VI) nach der Art der Wassereinwirkung oder nach der konstruktiven Anordnung der Hauptteile derselben kann unter folgenden Gesichtspunkten vorgenommen werden. Für jede Hauptgruppe kommt dann noch eine Unterteilung in Frage, welche innerhalb dieser Hauptgruppe das Arbeitsprinzip näher festlegt oder ein System kennzeichnet.

I. Nach rein hydraulischen (Wasserbewegungs-) Verhältnissen.

a) Reaktionsturbinen (Ueberdruckturbinen).

Wird im Leitrad nur ein Teil der vorhandenen potentiellen Energie (aufgespeicherten Arbeit) des Wassers in kinetische Energie (Geschwindigkeit) umgesetzt, so wird diese Turbinengattung Reaktions- oder Ueberdruckturbine genannt.

b) Aktionsturbinen (Freistrahlturbinen).

Bei vollständiger Umwandlung der potentiellen Energie (aufgespeicherten Arbeit) in kinetische Energie (Geschwindigkeit) innerhalb des Leitrades oder Leitapparates wird die Turbinenart als Aktions- oder Freistrahlturbine bezeichnet. Es gibt noch den Sonderfall der Grenzturbine, er soll aber, da er sehr wenig vorkommt, außer Betrachtung gelassen werden.

II. Nach der Art der Beaufschlagung (des Wasserzuflusses)

a) voll beaufschlagte Turbinen.

Wenn die ruhende Schaufelreihe des Leitapparates rings um die bewegte Schaufelreihe des Laufrades konaxial (mit gemeinsamem Mittelpunkt um die Achse) angeordnet ist, so liegt eine voll beaufschlagbare Turbine vor. Als solche wird die Ueberdruckturbine (Reaktionsturbine) und vor allem die am meisten verbreitete Francisturbine ausgeführt.

b) partiell (teilweise) beaufschlagte Turbinen.

Bei der partiell (teilweise) beaufschlagten Turbine sind nur einzelne Leitradkanäle symmetrisch (gleichmäßig) oder unsymmetrisch über den Laufradumfang verteilt. In dieser Ausführung werden die Freistrahlturbinen wie z. B. Pelton- oder Löffelradturbinen hergestellt.

III. In Bezug auf die gegenseitige Lage der ruhenden Leitschaufeln zu den beweglichen Laufradschaufeln und relativ zur Drehachse.

a) Bei Anordnung der Schaufelreihen des Leitapparates und Laufrades hintereinander und gleichachsig zur Turbinenwelle, so nennt man die Turbine Axialturbine (Henschel- oder Jonval-Turbine). (Abb. 49.)

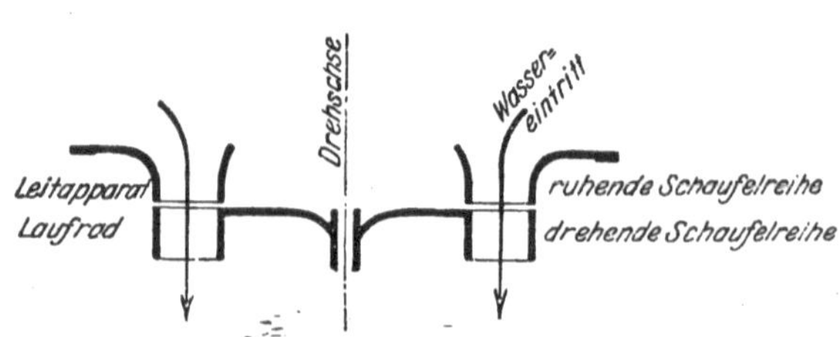

Abb. 49

b) Ist die ruhende Leitschaufelreihe innen liegend konzentrisch zur außen liegenden Laufradschaufelreihe angeordnet, so heißt die Turbinenart Radialturbine mit innerer Beaufschlagung (Fourneyron-Turbine). (Abbildung 50.)

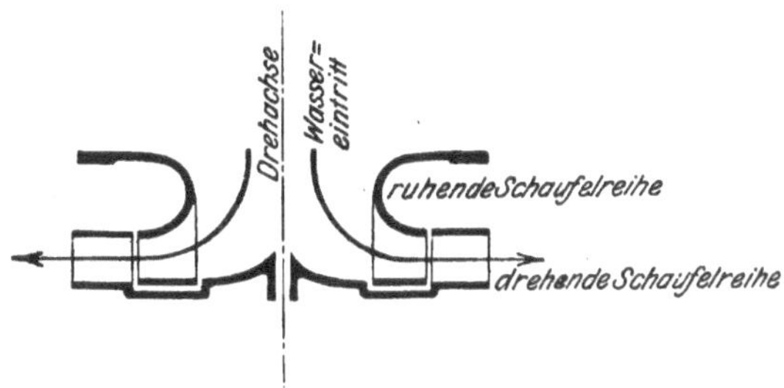

Abb. 50.

c) Ist die ruhende Leitschaufelreihe konzentrisch um die Laufradschaufelreihe angeordnet, sie von außen umschließend, so wird die Turbine Radialturbine mit äußerer Beaufschlagung (Francisturbine) genannt. (Abb. 51.)

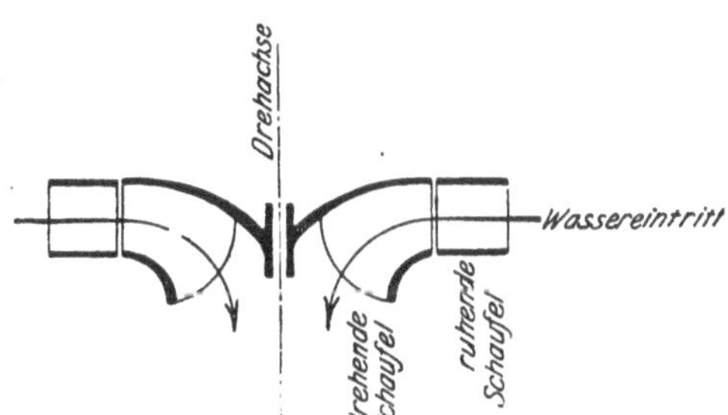

Abb. 51.

Die Fourneyron- und Jonvalturbinen sind früher viel gebaut worden, heute verwendet man fast nur noch Francisturbinen.

IV. Nach der Lage der Drehachse (Welle).

a) Turbinen mit horizontaler (wagerechter) Achse. (Abb. 52.)

b) Turbinen mit vertikaler (senkrechter) Achse. (Abb. 53).

V. Nach der Anzahl der Laufräder.

a) Einfache Turbine (mit einem Laufrad). (Abb. 52 u. 53).

b) Doppelturbine (Zwillingsturbine) mit zwei Laufrädern. (Abb. 54 u. 55.)

c) Dreifache Turbine (mit drei Laufrädern).

d) Vier- oder mehrfache Turbine mit vier oder mehr Laufrädern. (Abb. 56.)

Abb. 52. Francisturbine mit horizontaler Welle für offene Wasserzuführung.

VI. In Bezug auf die Bauart der Turbinen-Einlaufkammer.

a) Turbinen mit offener Einlaufkammer, hierbei geschieht die Ableitung des Wassers durch geschlossenen Ablaufkanal oder Rohr. Die Turbine befindet sich im Wasser. (Abb. 52—54.)

b) Turbinen mit geschlossener Einlaufkammer, in Betongehäuse oder Betonspiralgehäuse; auch hierbei befindet sich die Turbine im Wasser, die Ableitung desselben erfolgt durch geschlossenen Ablaufkanal oder Rohr.

Abb. 53. Francisturbine mit vertikaler Welle für offene Wasserzuführung. Regulierung durch selbsttätigen Regler.

Abb. 54. Doppelfrancisturbine mit horizontaler Welle für offene Wasserzuführung.

c) Turbinen mit geschlossenem Gehäuse aus Guß- oder Schmiedeeisen, wobei die Wasserabführung durch geschlossenen Abflußkanal oder Rohr erfolgt. Die Turbine befindet sich außen wasserfrei im Maschinenraum. (Abb. 55 und 57.)

Die nach verschiedenen Gesichtspunkten in Gruppen I—VI eingeteilten Turbinensysteme geben für die Praxis einzeln noch nicht die für die Konstruktion notwendigen Merkmale. Um die anzuwendende Turbinenart genau bis in die Einzelheiten festzulegen, müssen Kennzeichnungen der verschiedenen Gruppen herangezogen werden, d. h. der Turbinenkonstrukteur muß je nach den vorliegenden Wasserverhältnissen die für den Fall passende Wahl unter den Gruppeneinteilungen treffen. Das folgende Beispiel erläutert am besten die Kennzeichnung einer Turbine. Eine horizontale Zwillings-Francisturbine (Abb. 54) in offener Wasserkammer weist die Merkmale folgender Gruppen auf:

Ia Reaktionsturbine,
IIa voll beaufschlagt,
IIIc Radialturbine mit äußerer Beaufschlagung (Francisturbine),
IVa horizontale Drehachse,
Vb zwei Laufräder,
VIa in offener Wasserkammer.

Das aus dem Werkkanal in die Turbinenkammer der offenen Turbine, oder aus der Rohrleitung in das Gehäuse der geschlossenen Turbine zulaufende Wasser durchfließt zuerst den Leitapparat, um dann in das die Arbeit verrichtende Laufrad zu gelangen. Nach Durchfließen durch das Laufrad und verrichteter Arbeit läuft das Wasser durch den Abflußkanal, Saugrohr genannt, zum Unterwassergraben und gelangt schließlich unterwehrseitig wieder in das Flußbett.

Jede Turbine ist für eine größte Wassermenge gebaut, welche der die längste Zeit im Jahre vorhandenen verwendungsfähigen Wassermenge des Flusses entsprechen soll. Da die Wassermengen im Flusse je nach der Jahreszeit und reichlichen oder minder reichlichen Regenmenge schwankend sein werden, muß eine Regelung im Zulauf der Turbine stattfinden, damit der Leitapparat den jeweils vorhandenen Wassermengen angepaßt wird. Nur so kann das zur Zeit vorhandene Wasser

Abb. 55. Doppelfrancisturbine mit horizontaler Welle in Zwillingsanordnung und mit geschlossenem Gußgehäuse.

Abb. 56. Vierfachfrancisturbine mit horizontaler Welle für offene Wasserzuführung.

Abb. 57. Francisturbine in geschlossenem gußeisernen Gehäuse mit horizontaler Welle.

in rationeller Weise mit möglichst gutem Wirkungsgrad ausgenutzt werden.

Diese Regelung erfolgt im Leitapparat und kann auf verschiedene Art und Weise erfolgen.

Für Reaktionsturbinen (Ueberdruckturbinen) macht man die Kanäle K des Leitapparates im Querschnitt dadurch veränderbar, daß man die Leitschaufeln L um parallel zur Turbinenachse stehende Bolzen drehbar einrichtet und sämtliche Leitschaufeln durch einen Ring R und Lenkermechanismus S verbindet, so daß durch ein Drehen des Ringes gleichzeitig und gleichmäßig alle Leitschaufeln verstellt werden können. Diese Art, den Leitapparat mit dehbaren Schaufeln zu versehen, nennt man Fink'sche Regulierung nach ihrem Erfinder Professor Fink. (Abb. 58—60.)

Die Fink'sche Drehschaufelregulierung wird an der heute am meisten angewandten Turbinenart, der Francisturbine, benutzt. Die Francisturbine ist eine radial voll und von außen beaufschlagte Turbine, und wird so genannt, weil der amerikanische Ingenieur Francis ihr Erbauer und Verbesserer (aber nicht ihr Erfinder) war.

Abb. 58. Francisturbine mit drehbaren Leitschaufeln, durch selbsttätigen Regler beeinflußt und reguliert.

Von einer Regulierung der Wasserzufuhr im Leitapparat der Turbine werden in der Hauptsache folgende Eigenschaften verlangt:

1. möglichst gleich- und hochbleibender Nutzeffekt bei voller bis zu kleinster Beaufschlagung (Wasserzuführung);
2. leichte Beweglichkeit und Empfindlichkeit der unter Wasserdruck stehenden Regelungsvorrichtung bei Verstellung der Vorrichtung;
3. möglichst einfache Konstruktion und Unempfindlichkeit gegen unreines Wasser.

Zur Herstellung des Leitapparates mit festen Schaufeln wird bei nicht zu hohen Gefällen Gußeisen verwendet, bei höheren Gefällen, bei denen wegen der hohen Wassergeschwindigkeiten Korrosionen (Zerstörungen des Materials) zu befürchten sind, wird man vorteilhafterweise Stahlguß oder Bronze verwenden.

Bei drehbaren Leitschaufeln geht man schon bei kleineren Gefällen zu Stahlgußschaufeln über, da die Beanspruchung derselben nicht allein durch Wasserdruck erfolgt, sondern

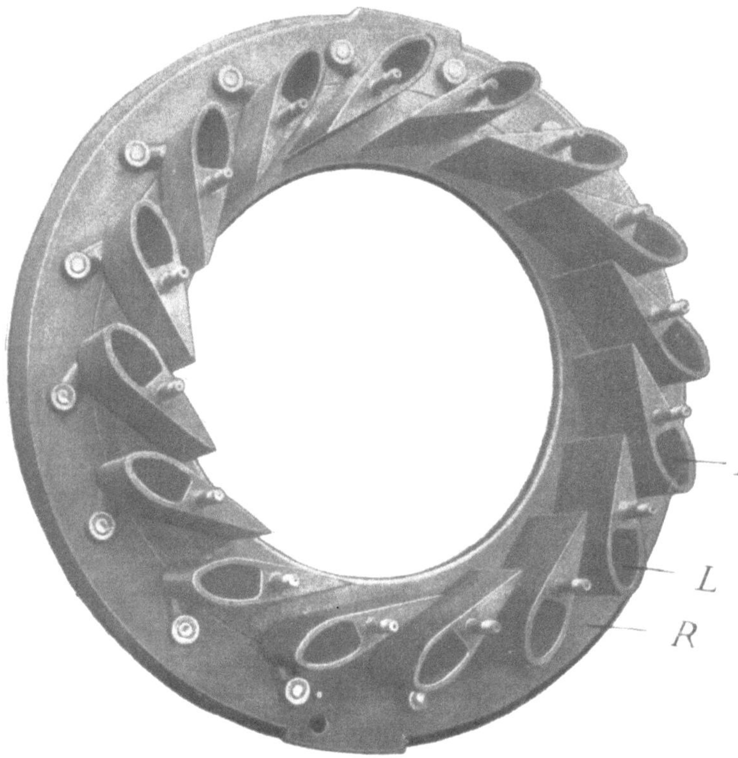

Abb. 59. Regulierring mit Leitschaufeln einer Francisturbine für drehbaren Leitschaufelapparat.

jede einzelne Drehschaufel kann auch durch den Regulierungsvorgang stark beansprucht werden, falls ein Fremdkörper sich zwischen zwei Schaufeln festklemmt.

Es werden noch andere Regelungen gebaut, wie die Regulierung durch Spalt- oder Ringschieber, durch Ringschützen oder durch andere Organe, aber sie sollen nicht näher beschrieben werden, da diese Konstruktionen zum großen Teil veraltet und wenig angewandt sind.

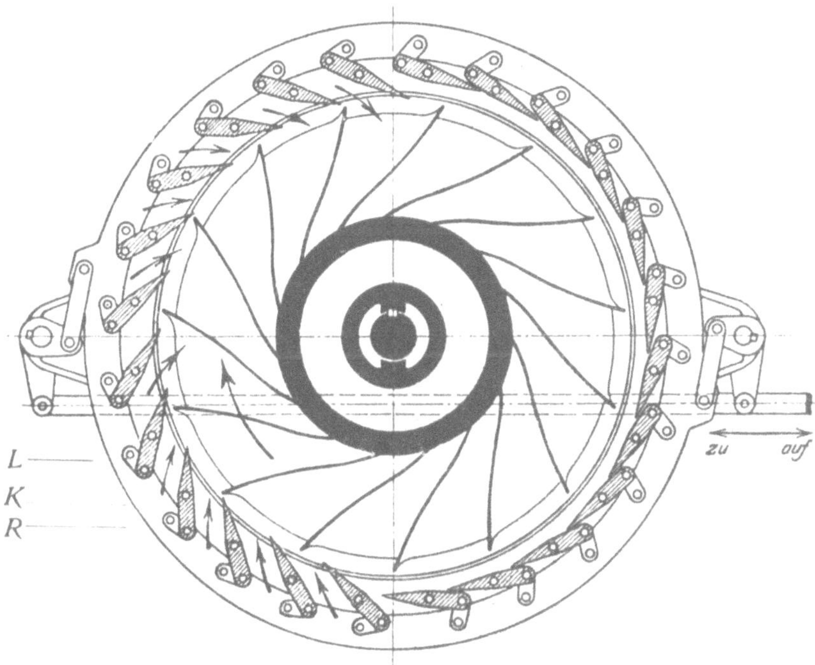

Abb. 60. Drehbare Leitschaufeln einer Francisturbine, auf der rechten Hälfte der Abbildung geschlossen, auf der linken Hälfte für den Wasserzufluß geöffnet.

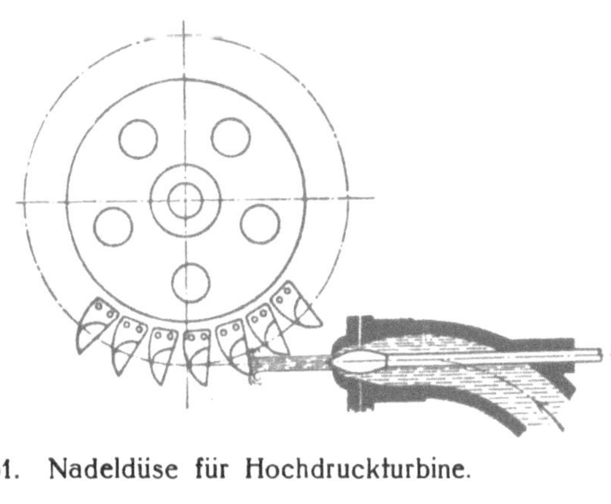

Abb. 61. Nadeldüse für Hochdruckturbine.

Bei den Freistrahlturbinen, welche nur teilweise an Stellen des Umfanges des Laufrades beaufschlagt werden, ist meist der Leitapparat als Düse (Mundstück) von rechteckiger oder runder Form ausgebildet (Abb. 61—63). Soll die Wassermenge durch eine solche Düse verändert werden, so geschieht das auf verschiedene Weise:

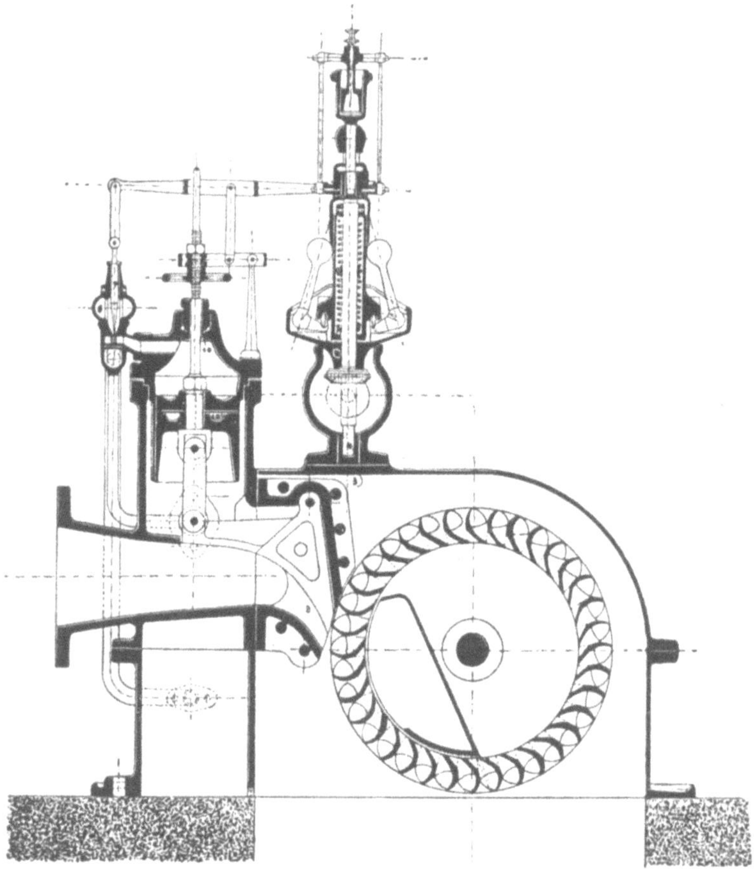

Abb. 62. Hochdruckturbine (Peltonrad) mit rechteckiger Zungenregulierung.

1. durch Verschließen der Austrittsöffnung mit einer beweglichen und einstellbaren Blende;
2. durch Bewegen eines spitzen Dorns, Nadel genannt, der in der Richtung des austretenden Wasserstrahles, konzentrisch im freien Ausflußquerschnitt der Düse befindlich, so angeordnet ist, daß ein ringförmiger Ausflußquerschnitt bis zu gänzlichem Schluß der Düse entsteht (Abb. 61);

Abb. 63. Hochdruckturbine mit Schwenkdüse, der Wasserstrahl wird, durch den Regler beeinflußt, abgelenkt.

3. durch Einschnürung des Strahls vermittelst einer in rechteckiger Düse liegenden beweglichen und um eine Achse drehbaren Zunge (Abb. 62);
4. durch eine vor die Austrittsöffnung der Düse vorschwenkende Ablenkvorrichtung, die den Wasserstrahl von dem Laufrade ganz oder teilweise ablenkt;
5. durch eine sogenannte Schwenkdüse, bei der die ganze Düse um einen bestimmten Winkel wegdrehbar eingerichtet ist, um so auch den Wasserstrahl vom Laufrade ganz oder teilweise ablenken zu können (Abb. 63).

Die Leitapparate oder Düsen der Pelton- resp. Hochdruckturbinen werden wegen der hohen Gefahr der Ausfressung durch das in scharfem Strahl austretende Wasser bei Gefällen über 50 m aus Stahlguß gemacht, die Mundstücke selbst werden auswechselbar aus Bronze, ebenso die Nadel aus bestem Stahl oder Bronze hergestellt.

Das fest auf die Turbinenwelle aufgesetzte Laufrad der Turbine besteht bei Francisturbinen aus der Nabe und den beiden Kränzen, zwischen denen sich die Laufschaufeln befinden. Das Laufrad wird entweder bei kleineren Ausführungen ganz aus Gußeisen hergestellt, bei größeren Ausführungen aber werden in die Gießform eingelegte Schaufeln aus Stahlblech zwischen den Gußkränzen eingegossen (Abb. 64—66).

Bei Löffelradturbinen besteht das Laufrad bei kleinen Turbinen aus der Nabenscheibe mit angegossenen Schaufeln (Löffeln) oder bei größeren Turbinen mit extra aufgesetzten

Abb. 64. Laufräder von Francisturbinen.

Abb. 65. Leitapparat zur Francisturbine.

Schaufeln. Die Laufräder können bei kleineren Umfangsgeschwindigkeiten aus Gußeisen, bei höheren müssen sie aus Stahl genommen werden. Die Schaufeln oder Löffel werden gewöhnlich in Gußeisen hergestellt, bei sandhaltigem Wasser aus guter Bronze, für hohe Gefälle und große Leistung aus Stahlguß (Abb. 67).

Jedes Laufrad ist in seiner Ausführungform und in seinen Dimensionen davon abhängig, welche Ansprüche an die

Abb. 66. Laufräder und Leitapparate von Francisturbinen in der Werkstatt.

Schnelligkeit, d. h. an die Drehzahl einer Turbine gestellt werden. Bei kleinen Gefällen ist die Drehzahl niedriger als bei größeren, je höher also das Gefälle bei gleicher Wassermenge ist, eine desto höhere Drehzahl kann erreicht werden.

Es ist also vorteilhaft, wie sich aus vorstehendem ergibt, das Gefälle so hoch, wie es nur möglich ist, auszunutzen, da durch höheres Gefälle nicht nur eine höhere Drehzahl, sondern auch eine höhere Leistung erzielt werden kann.

Für das gleiche Gefälle kann man jedoch auch verschiedene Schnelligkeitstypen der Turbinen herstellen, nämlich

Abb. 67. Laufrad einer Hochdruckturbine mit angeschraubten Schaufeln

Langsamläufer — Normalläufer und Schnelläufer. Diese werden charakterisiert durch die Größe der sogenannten „spezifischen Drehzahl“, d. h. derjenigen, welche man erhält bei einem Versuchslaufrade von 1 Pferdestärke bei einem Gefälle von 1 Meter. Die verschiedenen schnellaufenden Typen erhält man durch eine besondere Gestaltung des Laufrades und seiner Schaufeln.

Die Wahl der Drehzahl einer Turbine hängt davon ab, für welche Zwecke die Turbine bestimmt ist, sie soll sich am besten den Geschwindigkeitsverhältnissen der angetriebenen Maschinen des Betriebes anpassen.

Bei den Schnelläufertypen der Turbinen nehmen die Wirkungsgrade bei Teilbeaufschlagungen (Zuführungen von weniger Wasser als normal), z. B. von halber und darunter, sehr schnell ab, daher muß man die zu wählende Turbine nicht nur nach der Schnelläufigkeit allein, sondern auch nach den vorhandenen Wasserverhältnissen beurteilen.

Der einen Anwendungsfall projektierende Ingenieur soll, wenn es wegen Erfordernis hoher Drehzahl und damit geringster Anlagekosten für richtig erachtet wird, zum Schnelläufertyp mit hoher oder höchstmöglicher Drehzahl nur greifen, soweit darunter nicht die Wirkungsgrade der Turbine bei Teilbeaufschlagungen leiden.

Bei Erörterung dieser Frage möge der modernen Kaplanturbine Erwähnung getan werden, bei welcher sehr hohe spezifische Drehzahlen erreicht werden können. Bei den Kaplanturbinen erfolgt entsprechend den verschiedenen Beaufschlagungen zur Erreichung eines möglichst hohen Nutzeffektes auch bei Teilbeaufschlagungen nicht nur die Verstellung der Leitradschaufeln, sondern auch die Verstellung der Laufradschaufeln.

Besprochen wurde vorstehend bereits die Regelung des Wasserzuflusses in der Turbine selbst, und zwar unter dem Gesichtspunkte, diesen Zufluß unter Wahrung möglichst hohen Nutzeffektes, je nach der Menge des zufließenden Wassers stattfinden zu lassen. Unabhängig hiervon ist es aber Erfordernis, auch eine Regelung eintreten zu lassen, sobald die Arbeitsentnahme von der Turbine sinkt, resp. schwankend wird. Es können beispielsweise in einer Mühle oder in sonstigem Fabrikbetriebe Arbeitsmaschinen außer Betrieb gesetzt oder eingerückt werden, in einer elektrischen, von Turbinen angetriebenen Zentrale können Stromschwankungen, hervorgerufen durch Maßnahmen der Stromabnehmer, eintreten.

Eine unreguliert laufende Turbine wird nun, wenn man sie um einen Teil der von ihr geleisteten Arbeit entlastet, schneller und schneller laufen, da ihr Wasserzufluß gleichbleiben würde, die von ihr verlangte Leistung aber kleiner geworden ist. Bei vollständiger Entlastung von ihrer Arbeit kann die Turbine, wie man es nennt, sogar durchgehen, d. h. eine Drehzahl erreichen, welche zu ihrer Zerstörung durch Explosion (Zerfliegen) führen kann. Andererseits, wenn eine Turbine bei einem bestimmten Wasserzufluß eine bestimmte Leistung aufweist und man mutet ihr noch weitere Arbeit durch Einschalten von Arbeitsmaschinen zu, so wird sie langsamer und langsamer laufen, bis sie schließlich stehen bleibt, sie ist, wie man es nennt, festgebremst.

Die Maßnahmen, die man für diese Fälle der Aenderung in den Betriebsverhältnissen zu treffen hat, sind die, daß man im ersteren Falle den Wasserzufluß zu vermindern, im letzteren Falle zu vergrößern hat. Das geschieht, indem man die drehbaren Schaufeln des Leitapparates bewegt, sodaß eine Schließung oder Oeffnung desselben stattfindet. Die gleiche Maßnahme muß auch bei Turbinen mit Einlaufdüsen oder Zungenleitapparaten getroffen werden.

Das Oeffnen und Schließen, also das Regeln, kann nun von Hand geschehen; hierbei hängt aber die erzielte Genauigkeit der Regulierung der Turbine von der Geschicklichkeit des die Vorrichtung bedienenden Mannes ab.

Bei kleinen Turbinen, und bei Anlagen, wo ein Bedienungsmann stets anwesend ist, außerdem wo Schwankungen im Betriebswasser oder im Kraftbedarf nicht plötzlich vorkommen, wird man sich mit einer Handregulierung begnügen können.

Bei Turbinenanlagen aber, bei denen es auf stets gleichbleibende Drehzahl der Turbinen für verschiedene Wassermengen und für verschiedene Belastungen ankommt, wendet man stets einen selbsttätigen Geschwindigkeitsregulator an, beläßt aber außerdem die Vorrichtung für Handregulierung. Zum Anlassen und Abstellen der Turbine ist die Handregulierung nicht entbehrlich, da in dem betreffenden Betriebsstadium der selbsttätige Regulator noch nicht oder nicht mehr in Wirkung sein kann. Ebenso benutzt man die Handregulierung als Notbehelf während etwaiger Reparatur des selbsttätigen Regulators.

Der selbsttätige Geschwindigkeitsregulator, wie er in der Abbildung 68 ersichtlich ist, stellt einen Apparat dar, der die vorstehend angegebene Funktion hat, die Gleichhaltung der Drehzahl einer Turbine herbeizuführen. Beeinflußt wird der

Abb. 68. Selbsttätiger Geschwindigkeitsregler für Wasserturbinen.

Regler durch ein sich drehendes Pendel, welches direkt von der Turbine angetrieben wird. Dieses sehr empfindliche Pendel, also abhängig von der jeweiligen Drehzahl der Turbine selbst, beeinflußt durch Uebersetzungsgestänge und andere Mechanismen einen kleinen Hilfsmotor, der die Kraft ausübt, um den Leitapparat der Turbine zu verstellen und damit auch den Wasserzufluß zu regulieren.

Die Arbeit, welche nötig ist, den Leitapparat aus einer Endstellung (voll geöffnet) in die andere (geschlossen) zu bringen, heißt die Regulierarbeit der Turbine, sie wird in Meterkilogramm (mkg) gemessen.

Die Zeit, in der der Servomotor die Regulierarbeit verrichtet, soll eng begrenzt sein, sie zählt nach wenigen Sekunden. Die Oeffnungs- oder Schließzeit beträgt zwischen 3 und 15 Sekunden., je nach dem Weg, den der Leitapparat zu machen hat, resp. je nach der Beaufschlagung von $^4/_4$, $^3/_4$, $^1/_2$, $^1/_4$ usw., die für die jeweilige Belastung der Turbine einzustellen ist.

Von der Verwendung von Betriebswasser als Druckmittel für den Servomotor ist man für große Turbinen abgekommen, da das Druckwasser trotz eingebauter Filtersiebe Unreinlichkeiten enthält, welche der Servomotorsteuerung gefährlich werden können, außerdem ist das Druckwasser dem Einfrieren ausgesetzt. Man wendet am besten bei selbsttätigen Reglern ein leichtes Oel als Arbeitsflüssigkeit an.

Der Reguliervorgang selbst ist am besten an einem Beispiel zu erklären. Eine Turbine habe eine normale Drehzahl (Tourenzahl) von 200 pro Minute, bei voller Beaufschlagung, also bei der für die Turbine vorgesehenen normalen Arbeitsleistung von beispielsweise 100 Pferdestärken. Das von der Turbine angetriebene Zentrifugalpendel hat hierbei auch eine bestimmte Drehzahl und Stellung. Nimmt man nun der Turbine die halbe Arbeitsleistung, also 50 Pferdestärken ab, der Wasserzufluß bleibt aber der gleiche, so wird die Turbine schneller zu laufen beginnen, d. h. eine höhere Drehzahl anzunehmen bestrebt sein. Dadurch läuft aber auch das von der Turbine angetriebene Zentrifugalpendel schneller, kommt dabei aus seiner Stellung heraus und zieht an den Steuerhebeln den Steuerschieber in eine andere Lage, befähigt ihn dadurch, Drucköl auf den Servomotor zu geben, welch letzterer dann den Leitapparat der Turbine entsprechend schließen wird. Durch dieses Schließen wird bewirkt, daß weniger Wasser zum Turbinenlaufrad zutritt, die Turbine beginnt wieder langsamer zu drehen, bis sie wieder zur normalen Drehzahl zurückgezwungen ist. Je schneller ein selbsttätiger Regler die Beeinflussung der Turbine vornimmt und je ruhiger und schwankungsfreier er arbeitet, desto besser ist derselbe. Bei Leerlauf einer Turbine, d. h. wenn sie sich nur dreht und keine Arbeit abgibt, stellt sich von selber die höchste Drehzahl der Turbine ein. Das Verhältnis der normalen Drehzahl einer Turbine bei Vollast zu der Drehzahl bei Leerlauf, ausgedrückt in Prozenten der normalen Drehzahl, nennt man den Ungleichförmigkeitsgrad der Regulierung. Derselbe soll nicht zu hoch sein und im allgemeinen 3—5 % der Drehzahl einer Turbine nicht übersteigen.

Um den jeweiligen Betriebszustand der Turbine erkennen zu lassen, ist ein an der Regulierwelle oder anderweitig angebrachter Zeiger vorhanden, der sich auf einer Skala bewegt und genau anzeigt, mit welcher Beaufschlagung die Turbine arbeitet. Hieraus läßt sich dann auch die Leistung, welche die Turbine abgibt, ungefähr erkennen.

Es gibt noch andere Regulatoren, wie Bremsregler und elektrische Regler, aber sie sind weniger im Gebrauch und sollen daher nicht näher erläutert werden.

7. Triebwerke.

Das Laufrad einer Turbine gibt die erzeugte Kraft an die Turbinenachse (Turbinenwelle) ab. Die Lage dieser Welle kann je nach der Konstruktion der Turbine eine horizontale oder vertikale sein. Bei Ausnutzung der Kraft durch elektrische Generatoren (Dynamomaschinen) wird man als vorteilhaft stets versuchen, die Dynamomaschine direkt auf die Welle der Turbinen zu bringen, oder wie es heißt, die Dynamo direkt mit der Turbinenwelle zu kuppeln. Die Kupplung (Verbindung der Wellen) kann eine starre, feste oder eine elastische sein. Bedingung ist es jedoch, daß die Drehzahl der Turbine die gleiche sein muß wie die der Dynamomaschine.

Abb. 69. Turbine mit Uebersetzung durch konische Räder.

Ist die direkte Kupplung nicht möglich, so wird man von der Turbinenwelle auf die der Dynamomaschine mit Kegelrädern (Abb. 69) oder anderen Zahnrädern treiben, oder vermittelst Riemenscheiben und Riemen die Kraftübertragung vornehmen.

Auch zum Antrieb von anderen Arbeitsmaschinen bedient man sich entweder der direkten Kupplung der Turbinenwelle mit der Hauptantriebswelle der Arbeitsmaschinen, oder man übersetzt vermittelst Zahnräder- oder Riemenübertragung auf eine schnellere oder langsamere Drehzahl, je nachdem es die Drehzahl der angetriebenen Wellen oder Maschinen erfordert. Mehrere Turbinen können hierbei gemeinsam auf eine Haupttriebswelle arbeiten (Abb. 70).

Abb. 70. Haupttransmission einer Turbinenanlage.

8. Wasserräder.

Die älteste Form der Wasserkraftmaschine ist das Wasserrad, es kam für relativ kleinere Kräfte zur Anwendung, solange man die Materialien und Betriebsmittel zur Herstellung einer Wasserturbine noch nicht hatte, oder wo diese Betriebsmittel nicht oder nur schwer erreichbar waren (Abb. 71).

Auch heute können noch Verhältnisse eintreten, welche der Anlage eines Wasserrades vor der einer Turbine den Vorzug geben, und zwar an den Stellen, wo so stark verunreinigtes Wasser vorhanden ist, daß eine Turbine schnell der Abnutzung und Zerstörung ausgesetzt sein würde. Es kommen hierbei speziell die Gewässer in Frage, bei denen z. B. durch Industrieabwässer der Fluß oder Bach säurehaltiges oder schlammiges Wasser führt.

Ursprünglich wurden die Wasserräder ganz aus Holz,

später für größere und exaktere Ausführungen in Eisen hergestellt.

Die Wasserräder werden je nach dem bei der Konstruktion zugrunde gelegten Gefälle des Wassers in drei Hauptgruppen eingeteilt:

1. Oberschlächtige Wasserräder für Gefälle von 3 bis 10 Meter, bei denen das aus dem Gerinne in das Rad einfließende Wasser in die obersten Schaufelzellen desselben einfällt (Abb. 72).

Abb. 71. Alte Mühle mit Wasserrad.

2. Mittelschlächtige Wasserräder für Gefälle von 1 bis 3 Meter; bei denselben fällt das Wasser ungefähr in der Nähe des Radmittels in das Rad ein (Abb. 73).
3. Unterschlächtige Wasserräder für Gefälle von 0,5 bis 1 Meter, bei denen das Wasser lediglich am unteren Umfange des Rades in dasselbe eintritt (Abb. 74).

Von großer Bedeutung ist es bei oberschlächtigen Wasserrädern, wie das Wasser auf das Rad geführt wird. Wenn das Wasser ganz frei aus dem Gerinne auf das Rad fällt, so ist die sogenannte Einfallgeschwindigkeit lediglich von der Fallhöhe abhängig. Man kann aber vor dem Gerinneauslauf einen Spannschützen anbringen, der das Wasser außerdem im Gerinne noch aufstaut (anspannt); in diesem Falle kann das Wasser noch durch die Druckhöhe in seiner Geschwindigkeit reguliert werden.

Bei mittelschlächtigen Wasserrädern wird die Wasserzufuhr durch einen Ueberfall oder durch einen Leitschaufelschützen geregelt. Der letztere wird bei größeren Ausführungen als sogenannter Kulissenschützen ausgebildet, bei dem

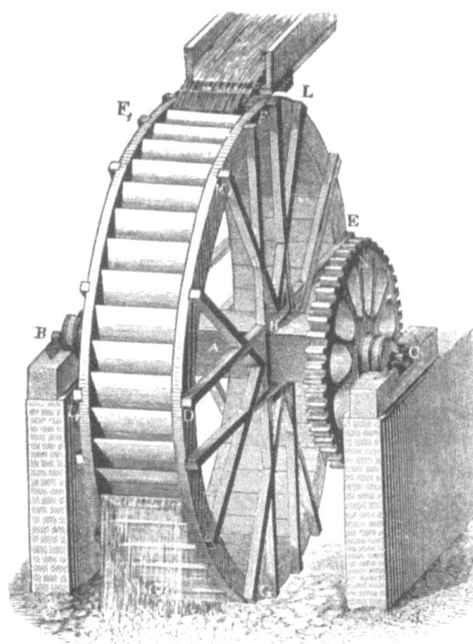

Abb. 72. Oberschlächtiges Wasserrad.

die feststehenden Führungsschaufeln durch einen davorliegenden Schützen teilweise bis ganz abgeschlossen werden können.

Auch bei unterschlächtigen Rädern erfolgt die Regelung der Wasserzufuhr durch Spannschützen oder Kulissen.

Es ist noch eine Art unterschlächtiger Räder zu erwähnen, welche sich auf Schiffen oder Kähnen befinden kann, die verankert im Strome liegen. Diese sogenannten „Schiffsmühlen" haben kein Zulaufgerinne, sondern das Rad wird lediglich durch die Wasserströmung des Flusses gedreht, es taucht nur mit dem unteren Teil der Schaufelung im Strome ein.

Abb. 73. Mittelschlächtiges Wasserrad.

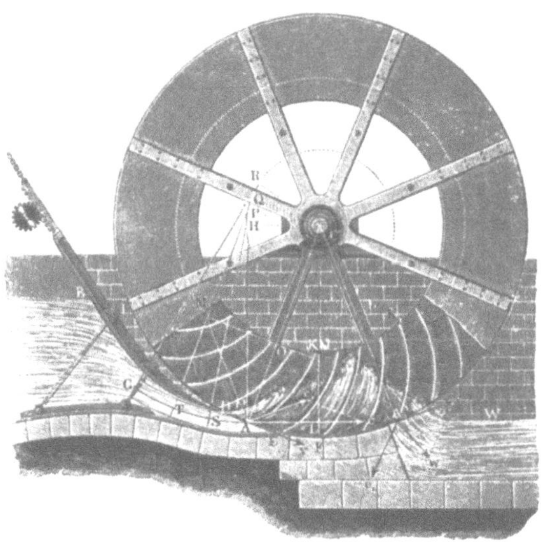

Abb. 74. Unterschlächtiges Wasserrad.

Das vertikale Wasserrad besteht aus der mit zwei Zapfen versehenen Welle und den mehr oder weniger radial angeordneten Armen, welche die Verbindung der Welle mit dem

Zellenkranz des Rades herstellen. Die Zellen, auch Becher oder Kübel genannt, werden gebildet durch die beiden seitlichen Kränze oder Felgen, durch den zylindrischen Boden, der die Kränze nach dem Innern abdichtet, und die zwischen Kränzen auf dem Boden dicht anliegenden Schaufeln. Die Drehungszahlen der Wasserräder sind sehr gering, es ist daher eine Uebersetzung durch Zahnräder erforderlich, um auf die Betriebsmaschinen mit der erforderlichen Drehzahl übertragen zu können. Die Reguliermöglichkeit bei Wasserrädern ist gering, sie genügt nicht den Anforderungen, welche man bei modernen Betrieben stellen muß.

Die Wasserräder sind von Konstrukteuren wie Zuppinger, Poncelet und Sagebien sehr vervollkommnet worden, die moderne Turbine hat aber in kultivierter Gegend das Wasserrad fast überall verdrängt.

V. Talsperren.

Flüsse, deren Niederschlagsgebiet ganz oder zum Teil im Gebirge liegt und denen das Wasser schnell zum Flußbett zuläuft, da kahle und felsige Höhenzüge das Wasser nicht lange genug zurückhalten können, leiden unter dem schnellen Abfluß der durch heftige und andauernde Regengüsse oder durch starke Schneeschmelze hervorgebrachten Wassermengen. Das oft plötzlich über Nacht herunterkommende Hochwasser eines Gebirgsbaches oder Flusses überflutet die Täler, überschwemmt die fruchtbaren Felder und Wiesen mit Schwemmsand und Geschiebe, vernichtet die mühsamen Anbauten auf kultiviertem Boden und bringt die Wohnungen der am Flußlaufe wohnenden Menschen in Gefahr.

Diese Ereignisse treten auch bei Bächen im Gebirge ein, denen man es im Sommer nicht zutraut, wenn man das kleine Wasser lustig von bewaldeten Höhen herab in romantischer Gegend über die Steine plätschern sieht. Schon in früheren Zeiten hat man derartige Wildbäche verbaut und reguliert, indem man den rapiden Sturz des Wassers durch im Flußbett eingebaute Stufen vermindert und abgeschwächt hat, ferner durch ein ausreguliertes Bett dem Wasser einen Lauf schuf, der es ihm ermöglichte, ohne viel Schaden anzurichten, den Talweg zu nehmen.

Abb. 75. Talsperre vom Staubecken aus gesehen.

Abb. 76. Talsperre, unterhalb der Sperrmauer das Turbinenhaus.

Alle diese Flüsse haben zu Sommerszeiten, ebenso im scharfen Winter nur sehr wenig Wasser, sie führen aber zu Zeiten starker Niederschläge die großen Wassermengen nicht nur zwecklos, sondern störend und Vernichtung bringend zu Tal.

Es lag daher nahe, diese so stark schwankende Wasserabführung zu regeln und nutzbar zu machen. Die Regulierung hat den Zweck des Schutzes der Anwohner und der Ländereien, sowie den der Nutzbarmachung durch gleichmäßige Verwendung des Wassers für Bewässerung von Ländereien und zur Gewinnung von Kraft. So entstand der Gedanke der Talsperre, den im vorigen Jahrhundert der bekannte Hochschullehrer Professor Intze in Aachen durch seine hervorragenden Arbeiten der Verwirklichung und Ausführung in Deutschland näherbrachte und förderte.

An geeigneter Stelle eines Flußtales, wo die Ufer hoch aufragend zu beiden Seiten des Flusses eine natürliche Anlehnung und feste Gründung einer Sperrmauer gestatten, wird senkrecht zum Flußlauf eine starke, dichte Mauer gezogen. Vor dieser Mauer im Oberlauf des Flusses bildet sich dann ein kleiner See, das Staubecken genannt (Abb. 75 u. 76). Letzteres soll so angelegt sein, daß nicht zu wertvolle Ländereien vom Wasser überstaut werden und daß auf die Dichtigkeit des Bodens des Staubeckens gerechnet werden kann. Ist dieser Boden nicht dicht genug, so sind Wasserverluste unter der Mauer hindurch die Folge, diese schädigen nicht nur durch den Ausfall an Wasser, sondern gefährden außerdem durch Quellenbildung und Auftrieb das Bauwerk der Sperrmauer. Abgesehen von dem Nutzen, den die Talsperre als Hochwasserschutz bieten wird, ist bei der Projektierung einer Kraftanlage zur Ausnutzung des Wassergefälles an der Talsperre das zu lösende Problem nach zwei Gesichtspunkten hin zu betrachten.

Man geht im ersten Falle von einer gewollten Kraftleistung aus und prüft, ob sich bei ausführbaren Dimensionen des Staubeckens die Staumauer sicher und mit wirtschaftlichen Herstellungskosten ausführen läßt. Im anderen Falle legt man das Staubecken in einer Größe an, wie es durch die Verhältnisse des Geländes und Untergrundes gegeben ist, und bemißt dann nach dem Zufluß und Staubeckeninhalt die Größe der Arbeitsleistung der Kraftmaschinen.

Zur Lösung beider Probleme ist die Aufstellung eines Wasserwirtschaftsplanes des Staubeckens notwendig unter Berücksichtigung der zeitlichen Zuflüsse während des ganzen Jahres und des Wasserverbrauches für Bewässerungs- oder Kraftzwecke.

In Deutschland sind sehr viele Talsperren in allen Teilen der Bergländer zur Aufstellung gekommen. Zu den größten zählen die Edertalsperre bei Waldeck, welche ein Staubecken von ungefähr 200 Millionen Kubikmeter Wasserinhalt bei 40 Meter Stauhöhe über Talsohle hat. Die Möhnetalsperre bei Arnsberg hat ungefähr 130 Millionen Kubikmeter Wasserinhalt bei 32 Meter Stauhöhe über Talsohle. Talsperren in der Eifel, im schlesischen Gebirge und anderwärts sind ebenfalls mit großem Erfolg ausgeführt worden.

In Amerika sind Talsperren von ungefähr 500 bis 600 Millionen Kubikmeter Wasserinhalt bei 70 Meter Stauhöhe hergestellt worden, eine dieser Riesentalsperren hat sogar über 1500 Millionen Kubikmeter Wasserinhalt bei 73 Meter Stauhöhe über Talsohle.

In Amerika dienen derartige Talsperren weitaus mehr wie bei uns zu Bewässerungszwecken und erhöhen die Fruchtbarkeit weiter Ländereien.

Man hat hier Wasserbauten so riesiger Dimensionen vor sich, daß man staunend über die Kunst dieser Ingenieure die Bemeisterung der Naturkräfte bewundern muß.

Welche Sorgfalt, welche Erfahrungen, welche Geistesarbeiten sind hier konzentriert angewandt, wie groß ist die Gefahr, die aus einem Bruch der Staumauer, aus einem Rutschen oder Undichtwerden entstehen kann. Wenn die plötzlich befreiten Wassermassen von Millionen von Kubikmetern unter dem hohen Gefälldruck des Staubeckens sich plötzlich zu Tal wälzen würden, alles vernichtend und zerstörend, so können Verluste entstehen, welche unersetzlich sind. Dementsprechend sind in den verschiedenen Ländern die gesetzlichen Vorschriften für den Bau von Talsperren mit Recht sehr scharf und weitgehend.

In Frankreich und in verschiedenen anderen Ländern sind Durchbrüche von Sperrmauern schon vorgekommen und haben neben großem Sachschaden auch Verluste von hunderten von Menschen zur Folge gehabt. Auch hier wird der

Erbauer geglaubt haben, daß seine Erfahrungen ausreichen würden, die Ereignisse der Natur zu meistern, heute aber wissen wir, daß die aufgewandte Voraussicht nicht alles das berücksichtigt hat, was die Naturgewalten dem Menschenwerk anzutun in der Lage waren.

Es dürfte nun interessieren, wie derartige Sperrmauern hergestellt werden. Man unterscheidet zwei Hauptarten, den geschütteten Staudamm und die massiv gebaute Talsperrenmauer.

An wichtigen Teilen hat man zu unterscheiden, die Sohle der Sperrmauer, den inneren Kern, die Krone derselben, die wasserseitige Mauerfläche, vor der das Staubecken liegt, und die luftseitige Mauerfläche, die stromabwärts ins Tal schaut.

Der geschüttete Staudamm soll aus dichtem Boden, Lehm oder Ton mit Sand gemischt, bestehen und fest aufgewalzt werden. Dieser geschüttete Boden muß wasserdichten Abschluß gewährleisten. Zur Sicherung gegen Undichtigkeit legt man in den geschütteten Damm Kerne aus reinem Ton, Beton usw., ferner schafft man im Naturboden, auf dem die Dammsohle aufzuliegen kommt, Widerlager und Sporne, um ein Rutschen des Dammes zu verhindern. Der Naturboden selbst muß bei der Projektierung schon, und vor dem Bau besonders noch durch Bohrungen untersucht werden, ob er traghaft, dicht und nicht quellig ist, er muß hohen Anforderungen entsprechen, ebenso wie die seitlichen Talwände, an die sich der Staudamm oder eine Staumauer anlehnt. Die wasserseitige Fläche wird in sanfter, glatter oder gestufter Böschung mit festliegendem Material, wie grobem Kies, bestampft und durch Betonaufstampfung, Betonplatten, Steinpflasterung usw. dicht gemacht. Luftseitig wird Mutterboden aufgebracht und durch angepflanzte Grasnabe eine Verfestigung des Bodens und Sicherung gegen Luftrisse und Spalten angestrebt.

Gegen das Wasser, welches durch Undichtigkeiten in den Damm eindringt und durch starken Auftrieb Rutschungen hervorrufen könnte, sichert man sich durch Drainagen und Sickerschächte.

Die Arten der Ausführungen sind so verschieden, entsprechend den Erfahrungen in den verschiedenen Ländern und entsprechend den örtlichen Verhältnissen, daß es bei obiger Beschreibung der Grundausführungen sein Bewenden haben soll.

Abb. 77. Bogenförmige Talsperrenmauer im Bau.

Abb. 78. Fertiggestellte Talsperrenmauer.

Um von den für einen Staudamm erforderlichen Erdmassen einen Begriff zu bekomen und die Abmessungen vor Augen zu führen, mögen nachstehende Zahlen ausgeführter kleinerer und größerer Staudämme dienen.

Staudamm	Länge m	Größte Höhe m	Kronenbreite m	Sohlenbreite m	Masse des Dammes cbm
Straschin bei Danzig	265	18	5	80	76 000
Charmés Frankreich	362	22	4,5	64	296 000
Cold-Springs U.S.A.	1060	27,5	6,1	160	600 000

Vollgemauerte Staukörper oder Talsperrenmauern wirken gegen die angreifenden äußeren Kräfte durch das Eigengewicht des gesamten Mauerkörpers. Es ist nicht nur der wagerecht in ungefähr ⅓ der Stauhöhe angreifende Wasserdruck, sondern auch der Auftrieb des evtl. in das Mauerwerk eintretenden Druckwassers, der Eisschub im Winter und der Winddruck auf die Wasserfläche zu berücksichtigen. Die wagerecht wirkenden Kräfte versuchen den Mauerkörper fortzuschieben, evtl. ihn auch umzukippen oder abzuscheren, und diesen Beanspruchungen entsprechend ist der Mauerkörper in seiner Konstruktion und Bauart auszuführen. Aeltere Konstruktionen sind bei nicht zu großer Bauhöhe meist mit der Sohle in den Erdboden eingreifend angelegt worden und mehr oder minder in senkrechter oder schwach trapezformiger Form, sei es mit glatten, schrägen Flächen, sei es mit Abtreppungen hergestellt worden.

Die modernen Ausführungen haben unter Berücksichtigung der auf die Mauer wirkenden Kräfte und ebenso unter Berücksichtigung wirtschaftlicher Bauweise Formen für den Staukörper gewählt, welche eine möglichst hohe Standsicherheit und Sicherheit gegen Bruch und Undichtigkeiten gewährleisten. Als Baustoffe kamen entweder an Ort und Stelle gebrochene Natursteine oder in neuerer Zeit aufgestampfter Beton oder eisenarmierter Beton zur Anwendung. Da für die Herstellung derartiger Staumauern sehr große Mengen von Baumaterial in Frage kommen, ist man stellenweise dazu übergegangen, die Staumauern nicht im ganzen als massive Mauerkörper herzustellen, sondern sie in Teile aufzulösen

Abb. 79. Talsperre mit bogenförmiger Staumauer.

Abb. 80. Kleine Talsperre mit Ablaß in der Mitte der Mauer. Das Staubecken ist noch leer.

und diese aufgelösten Teile durch Konstruktionskörper zu verbinden.

Bei der Herstellung ist speziell auf sorgfältige Untersuchung des Baugrundes Wert zu legen und die Mauer bis in die Tiefe des Naturbodens hinein sorgfältig und gegen Verschiebung gesichert herzustellen.

Die wasserseitigen Flächen einer Staumauer werden unter besonderer Beobachtung von Vorsicht durch Aufstrich glatter Zementflächen gedichtet, und in dieser Dichtung muß durch Herstellung elastischer Fugen durch Aufbringen von elastischem Material der Bildung von Rissen an der Außenfläche möglichst entgegengearbeitet werden.

Ueber den höchsten aufgestauten Wasserspiegel soll die Staumauer noch zwischen 1—2 m hochragen, so daß die Krone der Sperrmauer gegen Ueberschlagen von Wasser und gegen plötzliches Ueberfluten bei eintretendem Hochwasser gesichert ist. Es könnte sonst vorkommen, daß bei großen Staubecken, wenn sarker Sturm einsetzt, ein Wellenschlag entsteht, welcher, über die Wehrkrone wegschlagend, Unheil anrichten würde (Abb. 79).

Nur an bestimmten Stellen der Wehrkrone sind sogenannte Ueberfälle vorgesehen, damit bei zu hohem Ansteigen des Wassers im Staubecken selbsttätig ein geregelter Abfluß nach dem Flußbette hin möglich wird. Auf der Wehrkrone selbst ist meistens ein Begehungssteig angeordnet, um oben an alle Teile der Sperrmauer zu gelangen und um an die notwendigen Absperrungen und sonstigen Armaturen heranzukommen.

Die Gesamtform der Talsperrenmauer stellt sich in der Draufsicht als flacher Bogen dar, und zwar mit der Wölbung nach der Wasserseite, damit der Gesamtdruck des Staubogens sich auch auf die festen Uferwiderlager verteilen kann (Abb. 79 u. 80).

Für die notwendigen Auslässe, für die Wasserfassung und andere Erfordernisse sind nunmehr die notwendigen Einrichtungen in oder an die Sperrmauer zu projektieren (Abb. 81). Es kommt hauptsächlich hierbei die Anzapfung des Staubeckens in Frage, welche an der geeigneten Stelle der Staumauer durch Tunnel oder Rohrleitung für die Turbinenanlage erfolgt. Es ist dabei vor dem Ausfluß ein Rechen anzulegen, wie er bereits an früherer Stelle beschrieben worden ist, damit nicht Unreinlichkeiten in die Rohrleitung gelangen. Hinter dem Rechen liegt der Wasserschieber oder ein gut gedichteter Wasserschützen, um den Auslauf zu regulieren, resp. ihn ganz absperren zu können.

Für die Unterbringung dieser sogenannten Wasserschloß-ausrüstungen wird vielfach an Staudämmen oder an Staumauern ein besonderer Wasserentnahme-Turm aus Mauerwerk oder Eisenblech angelegt, in welchem die Ausrüstungsteile

Abb. 81. Talsperre, dicht vor der Staumauer durch Rohrleitungen in Verbindung gebracht mit dem Turbinenhaus.

so zugänglich angeordnet sind, daß man an dieselben unter Umständen auch zu Reparaturzwecken herankommen kann.

Die Anzapfung des Staubeckens geschieht meist nicht nur oberhalb der Sohle zur Entnahme von Wasser für Kraftzwecke, sondern es finden auch Hanganzapfungen an bestimmten anderen höheren Stellen der Sperrmauer statt. Grundabsperrungen sind vorzusehen, um einesteils das Staubecken einmal entleeren zu können, anderenteils auch, um den Wasserabfluß aus dem Becken zu regulieren. Speziell ist auf die Entlastungsanlage für Hochwasser Sorgfalt zu verwenden, indem Kronenüberfälle, Ueberfalltürme mit anschließendem Stollen usw. vorgesehen werden, damit selbsttätig bei eintretendem Hochwasser, wenn das Talsperrenbassin nicht mehr Wasser aufnehmen kann, eine zweckentsprechende Entleerung eintritt.

Bei den Talsperrenkraftwerken unterscheidet man solche, welche ganz oder teilweise in die Sperrmauer eingebaut sind und so in ihr oder ganz dicht an ihr stehen, aber auch solche, bei denen das Krafthaus weiter entfernt angelegt ist. Im letzteren Falle muß von der Sperrmauer aus ein Druckstollen oder eine eiserne Druckrohrleitung bis zum Krafthause geführt werden.

VI. Hydraul. Akkumulierungsanlagen.

Die hydraulische Akkumulierungsanlage (Wasserkraftaufspeicherung) dient ebenso wie das Staubecken der Talsperre dem Zwecke der Ausnutzung des Wassers, welches in einem Flusse, ohne für Krafterzeugung ausgenutzt zu werden, zu Tal läuft. Ein Unterschied ist insofern vorhanden, als die Akkumulierungsanlage meist nur so viel Wasser zur Aufspeicherung bringt, wie an einem Tage oder an einigen Tagen gebraucht wird, da die Anlage eines Aufspeicherungs - Reservoirs für relativ längere Arbeitsperioden und sehr große Wassermengen kostspielig und daher wirtschaftlich unrichtig wäre.

Bei Turbinenlagen, welche während des Tages stundenweise gar nicht oder nur weniger Kraft abzugeben haben, und bei solchen, welche während der Nacht ganz stillstehen, kann es vorteilhaft sein, speziell wenn im ganzen zu Zeiten das Wasser knapp vorhanden ist, ebenso zur Verstärkung der Kraftabgabe während bestimmter Betriebsstunden das am Tage und während der Nacht unbenutzt abfließende Wasser ganz oder teilweise aufzuspeichern.

Arbeitet ein Betrieb z. B. am Tage 8—10 Stunden und kann das Wasser nicht irgendwo vor dem Wehr zurückgehalten werden, so ist die Möglichkeit vorhanden, während 14—16 Stunden Wasser aufzuspeichern.

Nicht bei jeder Turbinenanlage ist die Möglichkeit gegeben, Wasser aufzuspeichern, denn es müssen die örtlichen Verhältnisse es gestatten, in gewisser nützlicher Höhe über dem Flußwasserspiegel ein Speicherreservoir anzulegen.

Wo das Gelände es also erlaubt, wird auf einem Hügel oder auf einer Bodenerhöhung, welche nicht allzuweit von der Turbinenanlage entfernt liegt, das Reservoir in oder auf

Abb. 82. Hydraulische Akkumulierungsanlage. Auf dem Berge das Wasserspeicherreservoir und von ihm herunter führend zum Turbinenhaus am Flusse, die Rohrleitung.

gewachsenem Boden angelegt und wasserdicht ausgekleidet (Abb. 82).

Während der Nichtbenutzung der Turbinen für den eigentlichen Betrieb arbeiten sie auf besonders hierfür aufgestellte Pumpen und fördern Wasser in das hochbelegene Speicherreservoir. Die gleiche Rohrleitung, die zur Förderung des von den Pumpen gelieferten Wassers dient, wird auch als Zulauf- resp. Druckrohrleitung für die besonders im Turbinenraum oder anderswo aufgestellten Zusatzturbinen (Sekundärturbinen) benutzt. Da das Gefälle vom Reservoir bis zum

Unterwasserspiegel des Flusses relativ hoch im Verhältnis zum Gefälle der Hauptturbinen ist, braucht nur ein entsprechend geringeres Wasserquantum als Triebwasser zum Reservoir gefördert werden, um eine entsprechende Leistung zu erhalten.

Der Wirkungsgrad der hydraulischen Akkumulierungsanlage ist selbstverständlich auch im günstigsten Falle weitaus geringer, wie der der Hauptanlage, weil die Verluste in den Pumpen, Druckverluste in den Rohrleitungen und Verluste in den Zusatzturbinen in Abzug gebracht werden müssen. Auch Wasserverluste durch Versickerung und Undichtigkeiten im Speicherreservoir müssen in Berechnung gezogen werden. Im günstigsten Falle ist mit einem Gesamtwirkungsgrad von ungefähr 50 bis 60 % zu rechnen.

Der Gesamtwirkungsgrad wäre die von der Hauptturbine für die Pumpenarbeit usw. aufgewendete Kraft im Verhältnis zu der von der Zusatzturbine wieder zurückgewonnenen.

Bei einer hydraulischen Akkumulierung wird aber trotz eines geringen Gesamtwirkungsgrades der Wasserspeicherungsanlage doch der Erfolg der sein, daß bei einer Wasserturbinenanlage zur Zeit größten Kraftbedarfs durch Inbetriebsetzung der Zusatzturbine eine Verstärkung der Kraftleistung erzielt werden kann. Einen besonderen Vorteil bietet die Akkumulierungsanlage auch dadurch, daß die erwünschte Arbeitsleistung sofort jederzeit eingesetzt werden kann.

Vor Anlage einer Akkumulierungsanlage ist aber die Frage der Wirtschaftlichkeit zu prüfen und durch einen sorgfältig aufgestellten Betriebsplan das Erfordernis und die Zweckmäßigkeit nachzuweisen.

VII. Ebbe und Flut.

Die Idee, Ebbe und Flut, also die Gezeitenströmung, auszunutzen, ist nicht so neu, wie es manchen Erfindern der Neuzeit scheinen mag. Vor mehr als 450 Jahren ist das Problem schon zum Antrieb einer Mühle bearbeitet und beschrieben worden. Dicht am Meere war ein Teich als Staubecken angelegt und dieser durch zwei mit Schleusen absperrbare Kanäle mit dem Meere verbunden worden.

Um das Jahr 1617 erschien eine Schrift, in welcher gesagt wurde, es sei möglich, das Meer so zu bezwingen, daß es Mühlen treibe, aber nicht allenthalben, sondern nur an engen Stellen des Meeres, und dabei solle der Ort der Anlage nicht offen und jeglicher Wellengewalt ausgesetzt sein. Man solle an dem Gestade einen Teich ausgraben, so hoch, wie das Wasser zu wachsen pflege, damit der Teich sich fülle, wenn das Meer steigt, und das Wasser, wenn die Flut fällt, durch Rinnen oder Kanäle ablaufe und die Mühlen treibe.

Vor ungefähr zwanzig bis dreißig Jahren begannen auch deutsche Erfinder sich mit der Frage der Ausnutzung der Wasserkraft von Gezeitenströmungen wieder eingehender zu befassen.

Die Art der Lösung des Problems ist in der Neuzeit die gleiche geblieben wie vor hunderten von Jahren, da das ganze Wesen dieser Gezeitenströmungen nur eben eine Lösung zuläßt. Neu ist die Art der für die Kraftausnutzung gewählten Mechanismen und Einrichtungen. Auch heute sehen alle Projekte der Neuzeit am Meere Staubecken vor, in welche die ansteigende Flut eintritt, hierbei Arbeit leistend, und aus welchen bei eintretenden Ebbezeiten die Flut wieder zurücktritt, ebenfalls Arbeit leistend.

Innerhalb ungefähr 25 Stunden tritt zweimalig das Anwachsen des Wassers bei Flut und ebenfalls zweimalig das Abfallen des Wassers bei Ebbe ein. Die Höhe des Flutstandes ist in den verschiedenen Gegenden der Erde ganz verschieden. An der Nordseeküste an den Mündungen unserer großen Ströme ist eine normale Fluthöhe von 2,50 bis 3,50

Abb. 83. Natürliches Staubecken am Meere.

Meter, sie wächst an der englischen und französischen Küste bis auf 14 Meter und darüber gegen normalen Wasserstand. Diese Gefälle könnten also nutzbar gemacht werden.

Während des Wechsels der Gezeiten aber tritt ein stundenlanger Stillstand bei nur allmählichem Anwachsen der Flut oder Eintritt der Ebbe ein, d. h. Flut und Ebbe treten nicht vollkommen gleichmäßig auf, sondern ein rapides Anwachsen oder Abfallen findet meist in der Mitte jeder Periode statt.

Auch abnormal tiefe oder hohe Wasserstände sind je nach der Jahreszeit und der Einwirkung von Winden zu erwarten.

Diese Unsicherheit der Strömungen und die Schwankungen in den Gefällshöhen, vor allen Dingen aber die Ruhepausen während der Gezeitenwechsel machen die Ausnutzung der Ebbe und Flut für Kraftzwecke schwierig und in den Anlagen teuer, so daß die Wirtschaftlichkeit derartiger Anlagen nur dort vorhanden ist, wo die Natur an engen Buchten des Meeres Staubecken ohne große bauliche Anlagen hergibt (Abb. 83).

Wie schon vorher angedeutet, treten Zeiten bei einer Ebbe- und Flut-Kraftanlage ein, bei denen das Gefälle so klein zu werden beginnt, sowohl beim Zulauf wie beim Rücklauf des Wassers, daß Turbinen mit der für den Antrieb der Dynamomaschinen notwendigen Drehzahl nicht mehr in Betrieb gehalten werden können. Dann tritt auch eine Zeit ein, wo ein absoluter Stillstand mangels jeden Gefälles eintreten muß. Für diese Zeiten ist es notwendig, daß eine Dampfkraft oder andere Reserve geschaffen oder eine elektrische Akkumulierungsanlage angelegt wird. Eine derartige Anlage macht die Herstellung einer Ebbe- und Flut-Kraftanlage teuer und oft wirtschaftlich unmöglich. Das war auch der Grund, weshalb alle, auch bis in die Neuzeit hineingehenden Projekte fallen gelassen worden sind.

Die Frage der Wasserkraftmaschinen für die Ausnutzung von Ebbe und Flut ist technisch einwandfrei durch Anlage moderner Turbinen zu lösen, es können Konstruktionen geschaffen werden, welche den sehr schwierigen Anforderungen der wechselnden Wasserverhältnisse gerecht werden können.

In letzter Zeit sind Projekte von Ebbe- und Flutkraftwerken in Frankreich und England aufgetaucht, welche bei dort vorliegenden, äußerst günstigen örtlichen Verhältnissen und einer Fluthöhe von 7 bis 14 Metern wohl die Möglichkeit der wirtschaftlichen Ausnutzung dieser Naturkräfte gegeben sein lassen.

VIII. Wasserrecht und Wasserwirtschaft.

Es hat in Deutschland bald ebensoviele verschiedene Wassergesetze gegeben, wie Staaten bestanden, sogar noch mehr, denn einzelne Landesteile hatten oft eigene Wassergesetze und besonderes Wasserrecht. Verbrieft von alters her hütete jedes Ländchen ängstlich seine besonderen Privilegien. — Im Jahre 1913 wurde für Preußen endlich ein einheitliches Wassergesetz geschaffen, das heute noch in Kraft ist. Da die Uebernahme der großen Ströme und Schifffahrtswege durch das Deutsche Reich erfolgt, wird auch ein Reichswassergesetz jedenfalls bald in ganz Deutschland die wünschenswerte Einheitlichkeit der Wassergesetzgebung bringen.

In Preußen sind die Wasserläufe in folgende Gruppen eingeteilt:

1. Natürliche Wasserläufe erster Ordnung. Die großen Ströme und bestimmte kleinere Flüsse.
2. Künstliche Wasserläufe. Die Schiffahrtskanäle.
3. Wasserläufe zweiter Ordnung.
4. Wasserläufe dritter Ordnung.

Grundsätzlich steht das Eigentum an den Wasserläufen erster

Ordnung dem Staate, an Wasserläufen zweiter und dritter Ordnung den Eigentümern der Ufergrundstücke, anteilig bis zur Mittellinie des Flusses, zu.

Das Eigentum am Wasserlauf gibt dem Eigentümer noch nicht das Recht, in dem Wasserlauf eine Kraftanlage zu errichten, vielmehr ist das Eigentum von dem Gesichtspunkt aus, daß der Wasserlauf und seine fast auf jedem Gebiete des wirtschaftlichen Lebens sich ergebenden Ausnutzungsmöglichkeiten einen der Allgemeinheit zustehenden Schatz darstellen, beschränkt. Allerdings darf der Eigentümer das Wasser gebrauchen und verbrauchen, namentlich auch es ober- oder unterirdisch unmittelbar oder mittelbar ableiten, wenn er in diesem Falle nur das Wasser, das auf den Ufergrundstücken oder den dahinter liegenden mit ihnen eine wirtschaftliche Einheit bildenden Grundstücken nicht verbraucht wird, in den Wasserlauf zurückleitet, bevor er ein fremdes Ufergrundstück berührt. Er darf den Wasserspiegel senken und heben, doch alles nur, soweit dadurch nicht etwa die Vorflut (der Abfluß) behindert, das Wasser verunreinigt oder der Wasserstand derart verändert wird, daß andere an der Ausübung ihrer Rechte am Wasserlaufe beeinträchtigt oder fremde Grundstücke beschädigt werden, oder die einem anderen obliegende Unterhaltung des Wasserlaufs oder seiner Ufer erschwert wird.

Der Eigentümer braucht, abgesehen von der gewerbepolizeilichen Genehmigung und den besonderen Vorschriften für Stauanlagen, einschließlich Talsperren, zur Errichtung oder zu wesentlichen Veränderungen aller Art Anlagen in Wasserläufen erster und zweiter Ordnung die Genehmigung der Wasserpolizeibehörde; das gleiche kann für natürliche Wasserläufe dritter Ordnung durch Polizeiverordnung bestimmt werden.

Dieselben Befugnisse zur Benutzung eines Wasserlaufs, die der Eigentümer hat, kann derjenige Nichteigentümer ausüben, der sie vom Eigentümer durch Vertrag erwirbt. Zur Gewinnung einer Wasserkraft werden die erwähnten Befugnisse selten ausreichen, wohl z. B. wenn es sich um einen ausgedehnten Besitz oder um einen Wasserlauf mit starkem Gefälle handelt; sonst muß sowohl der Eigentümer wie auch der, der Rechte von ihm ableitet, und jeder beliebige Dritte, der die Kräfte des Wasserlaufs ausnutzen will, den Weg des Verleihungsverfahrens zur Erlangung weitgehender Rechte am Wasserlaufe beschreiten.

Die Verleihung kann von jedermann beantragt werden, der über die ihn beschränkenden Grenzen hinaus den Wasserlauf zu benutzen beabsichtigt.

Zu bemerken ist, daß die Verleihung nur für ein Unternehmen, dem ein bestimmter Plan zugrunde liegen muß, erteilt werden kann. Mit dem Unternehmen geht das verliehene Recht auf dessen Erwerber über.

Aus vorstehend im Auszug angegebenen Bestimmungen über die Rechte des Eigentümers am Wasser und über die erforderliche Genehmigung von Wasserkraftanlagen kann man sich ein ungefähres Bild von den Rechtsverhältnissen, die in Frage kommen, machen.

Wasserwirtschaft nennt man die Einrichtungen, welche getroffen und die Handlungen, welche unternommen werden, um das von der Natur gegebene Wasser wirtschaftlich und zweckentsprechend auszunutzen. Die Wasserwirtschaft befaßt sich in der Hauptsache mit der Ausnutzung des Wassers für Trink- und Gebrauchszwecke der Menschen, für Ent- und Bewässerung von Ländereien zur Fruchtbarmachung, zur Einrichtung des Schiffsverkehrs und endlich auch zur Gewinnung von Kraft. Welchem der vorbenannten Ausnutzungszwecke die größte Wichtigkeit zuzusprechen ist, dürfte schwer zu sagen sein, sicherlich sind alle Ausnutzungszwecke, je nach dem Lande und dessen Erfordernissen am Wasser gleich wichtig. Hier aber in diesem Buche möge nur kurz der Teil der Wasserwirtschaft gestreift werden, welcher für die Ausnutzung der Wasserkräfte interessiert.

Um wasserwirtschaftlich richtig zu verfahren, soll man bei jeder Wasserkraftanlage einen Haushaltungsplan aufstellen, wieviel Waser voraussichtlich vorhanden sein wird, zu welchen Zeiten das vorhandene Waser und wie am zweckmäßigsten es dem Bedarf an Kraft entsprechend zu verbrauchen ist. Hierbei ist in weiser Voraussicht nicht nur der augenblickliche Bedarf und Vorteil zu berücksichtigen, sondern vorausschauend auch auf spätere Entwickelung Rücksicht zu nehmen.

Um einmal ein Bild über Deutschlands ausgebaute und unausgebaute Wasserkräfte und die von anderen Ländern zu geben, mögen die nachstehenden Zusammenstellungen dienen. Es sind aber nur ganz rohe Schätzungen, da genaue Ermittelungen schwer zu erhalten sind. Eine Statistik für Wasserkräfte, welche jetzt in den verschiedenen Ländern eingerichtet wird, dürfte in absehbarer Zeit genauere Angaben über diese Werte bringen.

Die verfügbaren Wasserkräfte in den einzelnen Kulturländern.

Land	Verfügbare Wasserkräfte in Mill. Pferdestärken
Norwegen	7,5 Millionen
Schweden	6,8 Millionen
Oesterreich-Ungarn . . .	6,5 Millionen
Schweiz	5 Millionen
Frankreich	bei Hoch-W 10 Millionen
	bei Mittel-W 4 bis 5 Millonen
Italien	bei Hoch-W 6 Millionen
	bei Nieder-W 2,2 Millionen
Deutschland	bei Mittel-W rd. 4—5 Millionen
Großbritannien	1 Million
Spanien	5 Millionen
Balkanländer und Griechenland	9 Millionen
Rußland	3 Millionen
Vereinigte Staaten von Amerika	40 Millionen
	bei Nieder-W 27 Millionen
Kanada	10 Millionen

In den verschiedenen Ländern haben sich wasserwirtschaftliche Verbände gebildet, welche die Förderung des Ausbaues der Wasserkräfte zum Ziele haben, ebenso die wirtschaftlichere Ausnutzung bereits vorhandener ausgebauter Anlagen.

Der „Deutsche Wasserwirtschafts- und Wasserkraftverband" zu Berlin ist einer der größten Verbände in Deutschland, welche dieses erstrebenswerte Ziel zu erreichen suchen, auch kleinere örtliche Verbände arbeiten jeder an seiner richtigen Stelle, zum Wohle und Nutzen der Gesamtheit.

Der deutsche Wasserwirtschafts- und Wasserkraftverband zu Berlin W., Joachim Friedrichstr. 50, hat zur Förderung und

Beratung Fachausschüsse für Wasserkraft, Wasserbau, Wasserwirtschaft und Wasserrecht gebildet, denen namhafte Fachleute auf diesen Gebieten angehören.

Dem Verbande gehören als Mitglieder zahlreiche Behörden, Korporationen, Industriewerke sowie Einzelpersonen an, welche an den Fragen der Wasserwirtschaft und des Wasserkraftwesens Interesse haben.

Unausgenutzte Wasserkräfte in Deutschland.

Preußen	ca.	1 500 000	Pferdestärken
Bayern	„	2 500 000	„
Württemberg	„	300 000	„
Baden	„	500 000	„
Sachsen	„	100 000	„

Es ergeben sich für ganz Deutschland also noch Möglichkeiten, bis ungefähr 5 Millionen Pferdestärken auszubauen.

Bedenkt man, daß eine Pferdestärke pro Jahr dem Aequivalent von einem Waggon Steinkohle gleichkommt, so wird augenscheinlich klar werden, welche ungeheuren Ersparnisse gemacht werden können, und welche Mengen an Kohle anderen Zwecken der Industrie zuführbar sind. Auch die Ausfuhr dieser Kohle ins Ausland, da sie unser Zahlungsgold ist, dürfte dem Lande Gewinn bringen.

Möge also ein Jeder an seiner Stelle, wo es ihm möglich, und Jeder, der dazu berufen ist, an dem großen Ziele mitarbeiten.

Inhaltsverzeichnis.

FSC
www.fsc.org
MIX
Papier | Fördert
gute Waldnutzung
FSC® C083411

Zeitfracht Medien GmbH
Ferdinand-Jühlke-Straße 7
99095 Erfurt, Deutschland
produktsicherheit@kolibri360.de